하루 10분
말글책 놀이 128

아이의 듣기·말하기·읽기·쓰기 기본을 잡아주는

하루 10분

말글책 놀이 128

김지영 지음 헤이슨 그림

카시오페아
Cassiopeia

아이의 문해력을 키우는
세상에서 가장 쉬운 방법, 말글책 놀이

"얘들아, 우리 오늘은 '도깨비 빤스' 노래의 가사를 바꿔보자!"

요런조런 설명을 덧붙인 후 저는 한글을 쓰기 어려워하는 아이들을 도와주고 있었어요. 그런데 그날따라 제 셔츠가 좀 짧았던 모양이에요. 갑자기 뒷골이 서늘해서 돌아보니 아이들이 다정하게 이야기를 하고 있더라고요.

"야, 선생님 팬티 분홍색이지?"

"아니야. 살구색에 레이스 달렸어."

Oh, My God! 겨우 초등학교 1학년인데 이렇게 색감이 정확하고, 섬세하기까지 하다니! (예전에 미처 몰라봐서 죄송합니다. 네네~) 그래도 전 여기서 끝나는 줄 알았어요. 잠시 후…

"선생님, 저랑 짝꿍이랑 같이 노래를 바꿨어요."

"♪♬ 선생님 빤스는 튼튼해요. 분홍색 아니고 살구색이에요. 냄새나요. 더

러워요~ ♪ 🎵"

　그날 더 좋은 가사들도 있었지만… 아뿔싸! 아이들은 '선생님 빤스'를 떼창하기 시작했어요. (역시 K-pop의 후예들! 아주 군무까지 만들 태세였지요.)

　아이들이 재미있어 죽겠다는 표정으로 계속 불러대니 나중에는 저도 흥얼거리게 되더라고요. 어쨌든 그다음부터 저희 반 아이들은 '동요 바꿔 쓰기', '동시 새로 쓰기'를 너무너무 신나게 했어요. 사실 이러한 활동은 아이들이 가장 힘들어하는 글쓰기 중 하나예요. 하지만 아이들이 즐겨 부르는 동요를 이용하면 쉽게 다가갈 수 있고, 상상력, 어휘력, 표현력 등으로 구성된 문해력을 쑥쑥 길러주기에 충분한 활동이 된답니다. 이처럼 재미나고 유익한 활동 128가지를 이 책에서 풀어보려고 합니다.

　저는 독서교육전문가로 유치원과 초등학교에서 아이들과 생활한 지 20년이 훨씬 지났습니다. 그동안 아이들이 말과 글을 즐겁고 자유롭게 읽고 쓰는 것을 저의 지상 과제로 삼아 창의력으로 무장한 언어 교재 및 책 만들기 활용북 등을 꾸준히 집필해왔지요. 하지만 그러면서도 마음 한편에는 약간의 목마름 같은 것이 있었어요. 도대체 왜 이런 생각이 드는지 그 이유를 곰곰이 생각하며 최근의 트렌드를 살펴봤습니다. 뚜렷한 답이 딱 하나 나오더라고요. 예전에는 '독서'라는 행위에 집중했다면 이제는 '문해력'이라는 능력에 방점을 찍는다는 것. 이미 짐작한 분들도 있겠지만, 약 2년 전 방송된 EBS 〈당신의 문해력〉의 여전한 영향력과 학생들의 문해력이 심각한 수준이라는 보도(2021년 79개국 만 15세 학생 71만 명을 대상으로 검사한 자료에서 OECD(경제협력개발기구) 평균이 47.4점인데 반해 한국은 25.6점이 나온 충격적인 결과 및 '심심한 사과' 표현에 대한 논란 등) 때문이지요.

독서교육전문가인 저로서는 드디어 '문해력'이 자녀교육 시장에 본격적으로 등장한 것이 굉장히 반가웠습니다. 하지만 여러 교육 기업에서 인공 지능과 빅 데이터 기술로 만든 독서토론논술 프로그램과 수많은 도서, 그리고 어휘력과 독해력을 길러준다는 문제집들이 우후죽순 격으로 쏟아져 나오는 것을 보면서 이내 어안이 벙벙해졌어요. 게다가 대치동 학원가에서는 학부모를 대상으로 '문해력 전략 설명회'를 개최해 어린 학생들을 위한 초급반이 제일 빨리 마감되고, 레벨 테스트를 통과해도 대기해야 하는 상황이 펼쳐졌지요. 한편으로는 씁쓸하면서도 이런 의문이 들었습니다.

'그래, 우리 아이들의 문해력만큼은 꼭 키워줘야 해. 그런데 이런 방법이 과연 최선일까? 레벨 테스트를 거치면서까지 독서논술학원에 들어가는 것? 지금 『우당탕탕 야옹이와 금빛 마법사』에 푹 빠져서 '식인귀', '실마리'와 같은 낱말이 궁금한 아이에게 '공空'이 들어간 낱말을 한자와 한글로 동시에 가르치는 학습지를 손에 쥐여주며 '공책, 공복, 공기, 공군, 공상'을 외워서 문제를 풀라고 하는 게 정말 효율적일까?'

그러다가 저희 반 아이들이 즐겁게 하고 있는 문해력 활동이 문득 떠올랐어요. 그리고 나서 저도 모르게 "유레카!"를 외쳤지요.

"아이들에게는 놀이를 통한 활동이 정답이다!"

문해력이 강한 아이로 키우기 위한 엄마의 몫은 어디까지일까요? 먼저 탄탄한 독서 루틴이 몸에 배도록 도와주고, 글의 의미를 능숙하게 이해할 만큼의 숙련된 독서가로 향하는 다리를 놓아주는 것까지라고 저는 생각해요. 사실 문해력을 키우는 일은 갑자기 바짝 신경 쓴다고 해결되는 단기간의 프로젝트가 아니에요. 그래서 목적지까지 지치지 않고 가기 위해 아이들에게 친숙한 배움의 방식인 '놀이'를 통하는 것입니다. 이왕이면 놀이가 신나고 즐거우면 더 좋겠지요. 그래야 엄마도 아이와 함께 진심으로 놀 수 있으니까요.

이쯤에서 혹시 갑자기 가슴이 답답해지면서 '안 그래도 할 일이 많은데 내가 이렇게까지 해야 하나?', '놀이로 문해력을 키워주는 학원을 얼른 알아봐야 하나?'라고 생각한 건 아니겠지요? 그러면 안 됩니다, 어머니! 기초 문해력을 키워주는 역할은 주 양육자, 즉 엄마의 몫이라고 생각합니다. 아이는 이 세상에 엄마를 믿고 태어났거든요. 육아의 최종 목표는 아이의 완전한 독립이에요. 그곳으로 향하는 과정 중에 엄마가 어린 시절에 길러준 문해력은 정말 튼튼한 받침목이 될 테지요. 아이의 가장 가까운 곳에서, 아이에게 가장 잘 맞는 방법으로 문해력을 길러주는 일, 그 누구도 아닌 '내 아이 전문가'인 엄마가 최고로 잘 할 수 있는 일입니다.

이 책에는 크게 3가지의 놀이 형태, 즉 '말놀이', '글놀이', '책놀이'로 엄마가 아이의 문해력을 키워줄 수 있는 다양한 방법이 담겨 있습니다. 앞으로 소개할 놀이 방법은 아주 쉽고 재미있을 뿐만 아니라 하루 10분만 투자하면 충분히 할 수 있을 만큼 간단합니다. 게다가 준비물도 거의 필요하지 않아서 부담 없이 시도할 수 있지요. 가벼운 마음으로 아이와 노는 것이 전부라 재미있어서 계속하게 되고, 계속하다 보니 문해력이 저절로 발달하는 선순환을 가져오고요. 사실 문해력은 어른도 평생 키워야 하는 능력이에요. 놀이를 통해 아이의 문해력을 키워주면서 엄마도 성장할 것입니다.

CHEAT KEY 1 말놀이

재미있게 문해력의 기초를 다지는 놀이입니다. 전통 말놀이(잰말 놀이, 꽁지 따기 말놀이 등), 말로 즐기는 게임(청기 백기 게임, 빙고 게임 등), 어휘 놀이(초성 퀴즈, 낱 말 낚시 놀이 등)로 구성해 총 58가지를 담았습니다. 말놀이는 아이를 최대한 많은 어휘에 노출시켜 문제해결력과 의사소통 능력, 어휘력 등을 키워주고, 상대방과 질 높은 상호 작용을 하도록 돕습니다.

CHEAT KEY 2 글놀이

풍요롭게 문해력의 실전을 경험하는 놀이입니다. 신나는 글쓰기 놀이(비밀 글씨 놀이, 암호 해독 놀이 등), 재미있는 글쓰기(전래 동요 바꿔 쓰기, 북카페 메뉴판 만들기 등), 정리하는 글쓰기(마인드맵으로 정리하기, 벤 다이어그램으로 정리하기 등)로 구성해 총 26가지를 담았습니다. 글쓰기는 아이들이 가장 어려워하기에 기꺼이 글을 쓰게끔 다양한 장치를 놀이 안에 심어두었지요. 글놀이는 논리적 사고력, 상상력, 표현력 등을 키워주고, 자기 의견을 두려움 없이 내보이도록 이끕니다.

CHEAT KEY 3 책놀이

문해력의 시작부터 끝까지, 체계적으로 문해력의 기반을 완성하는 놀이입니다. 책 읽기 놀이(상상 놀이, 패러디 놀이 등), 책 쓰기 놀이(황금 문장 쓰기, 말풍선 놀이 등), 책 만들기 놀이(아이스크림 책 만들기, 공룡 책 만들기 등)로 구성해 총 44가지를 담 았습니다. 엄마와 함께 소리 내어 읽고, 같은 책을 반복해서 읽으며, 몸으로 체험하며 읽는 방법을 통한 책놀이는 창의력, 공감력, 집중력 등을 키워주고, 아이가 이해를 바탕으로 막힘없이 책을 읽게 만들어 기초 문해력을 완성시킵니다.

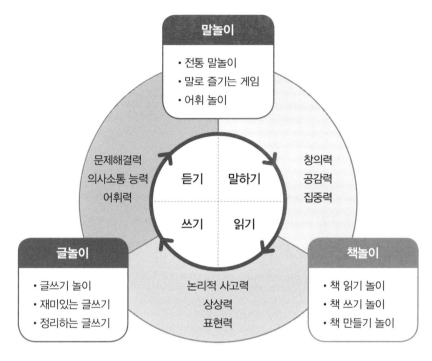

▲ 말글책 놀이의 과정과 효과

　말놀이, 글놀이, 책놀이, 즉 '말글책 놀이'로 가장 큰 효과를 볼 수 있는 시기는 아이가 글자에 관심을 보이고, 자연스럽게 글자에 대해 질문하며, 글자를 배우려는 의지가 가득한, 한글 교육을 시작할 때부터 초등학교 2학년까지입니다. 개인적인 언어 능력의 차이는 있겠지만, 말글책 놀이로 문해력을 키울 수 있는 결정적 시기는 5~9세예요. 초등학교 3학년부터는 수업 시수가 늘어나고, 통합 교과가 사회, 과학 등으로 나뉘면서 공부해야 할 양이 부쩍 많아지거든요. 그래서 그나마 여유로운 2학년까지 말글책 놀이를 통해서 문해력의 가장 중요한 한 부분인 글을 막힘없이 정확하게 읽는 능력, 즉 '읽기 유창성'을 키워주면 좋습니다.

그리고 무엇보다 아이의 문해력을 키워주는 과정에서 결코 잊어서는 안 되는 것이 있습니다. 엄마와 아이가 좋은 관계를 유지해야 한다는 거예요. 관계가 틀어지면 아무것도 얻을 수 없기 때문이지요. 엄마가 노력해도 아이가 거부할 때는 잠시 한 발 물러서기도 하고, 적절한 보상을 제공하며 한 걸음씩 욕심 내지 말고 천천히 진행해보세요.

이 책에 소개된 모든 놀이는 제가 오래전에 두 아이를 키우고, 또 20년 이상 아이들을 가르치면서 직접 해본 것들입니다. 총 128가지의 놀이를 1년이 넘는 기간 동안 책으로 엮으면서 과연 이러한 놀이가 아이의 문해력을 키우는 데 정말로 효과가 있는지 알아보기 위해 교실에서 아이들과 몇 번이고 계속해서 꾸준히 시도해봤답니다.

"힘들어요. 재미없어요"를 외치며 첫 초성 퀴즈 때 단어 2개도 쓰기 힘들어 하던 아이가 학년 말에는 단어 20개 이상을 거뜬히 쓰며 "종이 더 주세요"라고 말하는 '초성의 달인'이 되었고, "♪ ♬ 끼토산 야끼토~" 거꾸로 노래 부르는 저를 보고선 "우아, 선생님 최고예요!"라고 외치며 존경의 눈빛으로 바라보던 아이는 며칠 전 제 옆을 쓱 지나가며 "♪ ♬ 에울겨한 자모짚밀 람사눈마꼬~" 5음절이 줄줄이 나오는 '꼬마 눈사람' 노래를 가사도 보지 않고 부르는 신공을 발휘하더군요. 또 종이접기 책 만들기를 배운 다음에 비록 16쪽짜리 손바닥만 한 책이지만 '요괴맨과 징징이' 시리즈를 7탄까지 쓴 아이도 있고요. 만든 책을 하나씩 연결할 때마다 뿌듯해하던 얼굴이 얼마나 사랑스럽던지요.

저의 소망은 아이들을 처음 가르쳤던 20여 년 전이나 지금이나 한결같습니다. 모든 아이가 문해력을 기반으로 공부 머리까지 거머쥐는 '말글책 놀이'에

흠뻑 빠져서 성장하면 참 좋겠다는 것이지요. 이 책이 아이와 엄마가 함께 책을 읽는 공간에 늘 자리해 언제든 펼쳐서 때로는 방법 그 자체로, 때로는 새로운 아이디어로, 그야말로 반짝반짝 활용되기를 진심으로 바랍니다. 책이 너덜너덜해질 때쯤 아이의 문해력은 몰라보게 성장해 있을 거라 믿어 의심치 않습니다. 이 책을 감히 자녀교육의 최전선에서 고군분투 중인 세상의 모든 엄마와 각자의 교실에서 자투리 시간을 행복한 놀이로 채우고 싶은 세상의 모든 선생님에게 보냅니다. 자, 그럼 이제 아이의 문해력을 키우는 세상에서 가장 쉬운 방법인 '말글책 놀이'를 시작해볼까요?

김지영 드림

• 차례 •

1장 문해력 발달, 답은 놀이에 있다

말글책 놀이와 문해력 발달의 상관관계

말글책 놀이를 하기 전에 꼭 알아야 할 것들

2장 말놀이, 재미있게 문해력의 기초를 다진다

말놀이를 해야 하는 이유

CHEAT KEY 1 언제 어디서나 즐기는 말놀이 58

말글책 놀이와
문해력 발달의 상관관계

우리 뇌가 가장 좋아하는
배움의 방식, '놀이'

"이제 그만 놀고, 책 좀 읽어라!"

이 말에는 어떤 뜻이 담겨 있을까요? 아무리 상냥하게 말한다고 해도 밑바탕에는 놀이가 재미있다고 생각하는 아이에게 책 읽기는 놀이가 아니고 별로 재미가 없다는 뜻이 담겨 있어요. "책 읽으면 게임하게 해줄게"도 같은 맥락입니다. 엄마가 아이에게 흔히 하는 말실수지요.

미국의 시인이자 박물학자인 다이앤 애커먼Diane Ackerman은 "놀이는 우리의 뇌가 가장 좋아하는 배움의 방식"이라고 말했어요. 아이들에게 놀이는 밥이고, 배움이며, 즐거움인 셈입니다. 최고의 교육적 도구인 놀이는 공부와 분리하기가 힘들어요. 신나고 재미있게 노는 과정에서 은연중에 지식과 개념을 습득하는 것은 물론 문제해결력, 상상력, 창의력이 발달하기 때문이지요. 그래서 아이들에게는 건강하게 몸으로 발산하는 '몸놀이'와 함께 지적 능력을 발달시키는 '인지놀이'를 함께 제공해서 신체와 정서, 그리고 인지가 균형 잡힐 발판을 마련해줘야 한답니다.

여기서 하나 짚고 넘어가야 할 것이 있습니다. 아이들은 그냥 놓아두어도 알아서 잘 논다는 사실. 그런데 정말 그런가요? 만약 아이가 혼자서도 알아서 잘 논다면 분명 좋아하는 장난감과 충분한 시간이 마련되어 있거나 그동안 놀이 상대가 있어 잘 놀아본 경험치가 축적되어 있을 거예요. 놀이도 배워야 더 잘 노는 법입니다. 아이의 흥미와 발달 단계에 맞춰 적합한 놀잇감(그림책 포함)을 제공하고, 아이의 의견을 존중하면서 아이가 놀이 주체가 되도록 어느 순간까지는 이끌어줘야 해요. 아이에게는 이미 성장 발달을 향한 왕성한 욕구가 있으니까요. 이때 엄마가 아이 곁에서 진심으로 놀이에 참여한다면 아이의 놀이는 더 바람직한 방향으로 진화될 수 있습니다.

말글책 놀이 = 문해력을 키워주는 종합 선물 세트

'문해력Literacy'이란 글자를 읽고 쓰는 능력을 바탕으로 텍스트는 물론 그림, 지도, 그래프 등 기호를 바르게 해석해 실생활에서 활용하는 범위까지를 포괄하는 능력입니다. NCTE(미국영어교사협회)에서는 "문해란 다양한 내용을 다룬 글과 출판물을 사용하여 정의, 이해, 해석, 창작, 의사소통, 계산 등을 할 수 있는 능력"이라고 정의하기도 했지요.

한마디로 문해력은 정보를 읽고 이해해서 활용하는 능력으로, 아이들에게 당장 필요한 능력이기도 합니다. 예를 들어볼게요. 어른들이 보기에는 그저 복잡한 디자인의 장난감 팽이인 '베이블레이드'를, 아이들, 특히 남자아이들이 굉장히 좋아합니다. 모이기만 하면 서로 배틀을 하거든요. 이때 배틀을 금지하면 대부분이 그야말로 초집중 모드가 되어 책상에 앉아 색종이로 블레이드를 접어요. 유튜브 동영상을 보고 듣고 때로는 멈추기도 하면서 자신의 속도에 맞춰 접거나, 『네모아저씨의 페이퍼 블레이드』라는 종이접기 책의 설명을 읽고 과정 사진과 비교하면서 몇 번이고 접었다 폈다를 합니다. 누가 시키지 않았는데도요. 바로 이 순간, 읽고 이해해서 실행하는 능력인 문해력이 향상됩니다. 공부가 아닌 아이가 원하는 방식으로 말이에요. 아이들은 상상을 초월할 정도로 정말 잘 접습니다. 왜일까요? 본인이 완성품을 간절히 갖고 싶기 때문이지요. 또 다 접고 나면 뿌듯한 성취감이 들고, "와, 멋지다!"라는 친구들의 탄성도 들을 수 있고요.

이처럼 아이의 문해력을 키워주고 싶다면 문해력의 포지션을 학습이 아닌 아이들이 좋아하는 '재미있는 놀이'의 영역으로 끌어오는 것이 중요합니다. 그래야 거부감 없이 다가갈 수 있거든요. '문해력 활동=놀이=재미있다'가 성립되어야 하지요. 즉, 문해력을 키우기 위한 활동은 아이가 좋아하고 원하는 방식인 재미있는 놀이로 제공되어야 효과가 높고, 지속 가능하다는 셈입니다.

문해력은 언어 발달과 그 뿌리를 같이하기 때문에 역시 '듣기→말하기→읽기→쓰기'의 순서로 발달하지만, 사실 모든 발달 요소는 뫼비우스의 띠처럼 서로 유기적으로 연관되어 있어 떼려야 뗄 수 없는 관계랍니다.

우선 '듣기'와 '말하기'는 특별히 기능상에 문제가 없다면 시간의 차이만 있을 뿐 노력하지 않아도 얻게 되는 능력입니다. 하지만 문해력을 키우려면 먼저 상대방의 말을 그냥 듣는 것을 넘어 잘 들을 수 있어야 하지요. 기본적인 듣기와 말하기 능력을 키워주기 위해 전통 말놀이(끝말잇기, 다섯 고개 놀이 등)와 말로 즐기는 게임(스피드 낱말 퀴즈, 빈칸에 말하는 게임 등)을 하며 충분히 듣고, 또 말하는 기회를 주세요.

'읽기'는 '소리 내어 읽기'와 '반복 읽기'를 항상 염두에 두고, 그림책을 재미있게 다양한 방법으로 읽을 수 있는 놀이(반복 문장 읽기, 오감 읽기 등)로 읽기 능력은 물론 어휘력도 함께 키워주세요.

'쓰기'는 아이가 흥미를 느낄 만한 재료나 재미있는 주제(교대로 이야기 이어 쓰기, 동화 바꿔 쓰기 등), 또는 생각을 정리하며 한눈에 볼 수 있는 틀인 '그래픽 오거나이저(이야기 도식 구조)'를 제공함으로써 글쓰기인 듯 아닌 듯 다양하고 색다른 방법으로 자기만의 생각을 표현하게 이끌어주세요.

이처럼 문해력의 발달 요소인 듣기, 말하기, 읽기, 쓰기를 골고루 자극하는, 한마디로 종합 선물 세트인 말글책 놀이로 아이의 문해력을 키워주세요. 앞으로 세상이 어떻게 바뀌든 문해력이 강한 아이는 자신이 원하는 만큼의 새로운 지식을 손쉽게 습득할 수 있어, 우주 최고의 경쟁력을 갖고 살아갈 테니까요.

말글책 놀이를 하기 전에
꼭 알아야 할 것들

아이의 문해력을 배로 키우는
2가지 환경의 비밀

'나는 아이 앞에서 책 읽는 모습을 자주 보여주는가?'

'우리 가족이 가장 많이 머무르는 공간은 어디일까?'

아이가 문해력의 바다에 풍덩 빠지길 바란다면 먼저 이 질문에 대한 답을 생각해보세요. 습관이 형성되려면 스스로 의식하지 않아도 되는 자동적인 시스템부터 만드는 것이 가장 확실한 방법이거든요. 아이를 둘러싼 시스템, 즉 문해력을 키우는 환경은 크게 '정서적 환경'과 '물리적 환경'으로 나뉩니다.

우선 정서적 환경은 엄마가 즐겁게 책 읽는 모습을 얼마나 자주 보여주는가에 대한 것입니다. 우리 뇌에는 거울 신경 세포가 있어서 자기가 믿고, 좋아하는 사람의 행동을 따라 해보고 싶어 하거든요. 엄마가 마치 명화 속 인물처럼 아름답게 책을 읽는 모습을 보여주면 좋습니다. 그리고 여기서 한 발 더 나아가 종종 깔깔 웃거나 심각한 표정을 지어주면 더 좋답니다. 가끔은 아이를 호들갑스럽게 불러 "○○야, 이 그림 좀 봐!", "○○야, 엄마가 지금 감동한 부분이 있는데 아주 짧아. 한번 들어줘" 등 이야기를 건네주세요. 독서를 진정으로 좋아하지 않는 엄마에게는 사실 쉽지 않은 일이지만, 자발적으로 재미있어서 책 읽는 아이로 키우겠다고 결심했다면 때로는 엄마가 연극배우가 될 필요도 있어요. 물론 힘은 들겠지만 그만큼 육아 효능감(아이를 잘 키우고 있다는 느낌)으로 충만해지리라 생각합니다.

그다음으로 물리적 환경은 우리 집을 읽고 쓰기 쉬운 환경으로 만드는 것입니다. 먼저 우리 가족이 가장 많이 머무르는 공간을 선택합니다. 공부방이 잘 갖춰져 있다고 해도 사실 초등학교 3,4학년까지는 아이가 자기 방에 들어가서 혼자 공부하는 경우는 드물어요. 그렇다면 대부분 가정에서 가족이 가장 많이 머무르는 공간은 거실이 되겠지요. 거실에 텔레비전이 놓여 있는 가정이 많은데, 그렇다고 텔레비전을 다른 곳으로 옮길 필요는 없어요. 다만 거실 중앙에 우리 가족이 모두 앉을 수 있는 테이블이 있으면 좋습니다. 그리고 이 테이블에 예를 들면 '지샘책상(지혜가 샘솟는 책상)'처럼 이름을 붙여주면 더 좋겠지요. 가족 책상은 이왕이면 허리를 펴고 앉을 수 있는 입식이 편하지만, 아이가 어리면 좌식도 상관없습니다.

가족 책상 위에는 언제든 그림을 그리고 무엇이든 끄적거릴 수 있도록 종이와 연필을 놓아주세요. 아이가 부담 없이 마음껏 쓸 수 있는 이면지와 매력적이고 다양한 필기도구까지 갖춰두면 금상첨화겠지요. 색다른 도구는 아이에게 쓰고자 하는 욕구가 샘솟도록 하니까요. 여기에 포스트잇을 항상 준비해주세요. 포스트잇은 일단 크기가 작아 글씨를 쓰는 데 부담이 없고, 어디든 붙였다 떼기 좋아서 아이들이 선호합니다. 그리고 빠지면 섭섭한 것이 이동식 칠판입니다. 칠판에 따라 분필이나 보드 마커로 쉽게 쓰고 지울 수 있으며 아주 잘 보인다는 특징이 있지요. 게임을 하거나 서로에게 하고 싶은 말이 있을 때 칠판을 이용하세요. 가족 책상 주변에는 언제든 꺼내 볼 수 있도록 국어사전, 한자사전, 도감을 마련해주세요. 일반 주제인 동물, 식물, 곤충 도감부터 확장 주제인 인체, 건축물, 자동차 도감까지 아이가 가장 흥미를 보일 만한 것으로 비치해주세요. 물론 궁금한 내용을 인터넷으로 검색할 수도 있지만, 책은 부피와 감촉, 종이 냄새가 불러일으키는 묘한 매력이 있어 함께 펼쳐서 자주 찾다 보면 더 가까이하게 된답니다. 그리고 가족 책상 주변의 한 벽면은 아이에게 양보해주세요. 벽면에 큰 코르크판을 아이의 눈높이에 맞춰 붙여놓으면 자기가 쓴 글이나 그림을 직접 핀으로 부착할 수 있거든요. 이와 같은 전시 과정을 통해 아이의 성취감과 자신감이 쑥쑥 자라납니다. 또 코르크판 옆에 세계 지도를 붙여주면 어떨까요? 이왕이면 아이의 꿈을 세계로 향하게 하는 거예요. 마지막으로 가장 중요한 '책'이 빠지면 안 되겠지요. 책은 최대한 표지가 잘 보이게 꽂는 것이 좋고, 아이의 손길과 발길이 머무는 곳, 집 안 곳곳에 주기적으로 바꿔가며 놓아주세요. 절대로 장식용 책이 되지 않게요. 여기서 중요한 사실 하나, 제아무리 완벽한 물리적 환경도 정서적 환경을 따라가지는 못합니다. 그러므로 물리적 환경과 함께 정서적 환경을 반드시 챙겨주세요.

문해력 발달의
필요 충분 조건에 대하여

문해력이 중요하다는 사실, 문해력을 키워주려면 아이가 좋아하는 방식인 놀이를 활용해야 한다는 사실을 알았다면 이제 어느 시점부터 어느 정도 선까지 엄마가 함께해야 할지 궁금할 거예요. 그런데 그에 앞서 대전제로 세워야 할 것이 있습니다. '내 아이가 기준이 되어야 한다'는 사실입니다. 아이마다 특성이 달라서 언어에 타고난 재능이 있는 아이도, 언어 지능은 좀 떨어지지만 다른 부분에 강점이 있는 아이도 있으니까요.

아이의 문해력을 키우는 일은 빠르면 빠를수록 좋아요. 대부분 엄마가 태아 때부터 책 읽어주기로 시작하는데, 종료 시점은 아이가 거부할 때까지입니다. 사실 책 읽어주기는 중학생에게도 효과가 있지만, 현실적으로는 아이가 사춘기가 되면 자기 방문을 닫아버리기 때문에 힘들어요. 그래도 초등 3,4학년까지는 엄마가 책 읽어주는 시간을 좋아합니다. 최대한 베드타임 스토리Bedtime Story(잠들기 전에 읽어주는 책)로 아이와 정서적 교감을 나누는 일은 지속해야 해요. 아이가 성장해도 이 시간을 떠올리면 언제나 그리울 만큼이요.

거듭 강조하지만, 문해력을 키우는 가장 큰 부분은 바로 독서입니다. 이때 독서는 공부가 되어서는 안 됩니다. 독서가 의무가 되는 순간, 하기 싫은 일이 되어버리니까요. 일단 아이의 발달 상황에 맞는 재미있는 책, 아이가 관심을 가지는 분야의 책을 제공해주고, 편안하게 읽을 수 있는 시간을 마련해주는 것이 중요합니다. 그래야 점차 독서가 아이의 삶에서 여가 활동의 하나로 자리를 잡아갈 테니까요. 언제든 즐겁게 책을 펼쳐볼 수 있어야 꾸준히 책을 읽을 수 있어요. 그렇게 되면 자연스럽게 문해력도 발달해 정말 필요한 순간, 쏟아지는 정보의 홍수 속에서 정확한 사실만을 골라, 바르게 해석하고 소화해서, 자기만의 이야기로 만들어내거나 새로운 것으로 창조해낼 수 있는 경지에 다다를 것입니다.

아이의 삶에서 독서가 즐거운 여가 활동(심심할 때 또는 정말로 책이 좋고 읽고 싶어서 읽는 단계)이 되었다면 글자를 읽는 데 애쓰는 초보 독서가에서 의미를 읽어내는 숙련된 독서가로 성장했다는 뜻이고, 사실 이때부터는 엄마가 크게 할일이 없어요. 이미 아이에게 필요한 정도의 공부 머리는 형성이 되어 있을 테니까요. 이제 아이가 '인생 책'을 찾아 독서력이 점프하기를 바라는 일만 남았지요. 또 많이 읽으면 말이나 글로 표현해내는 일도 수월해집니다. 다만 논리적인 글쓰기는 어느 정도 훈련이 필요하지만, 글쓰기도 수영이나 운전처럼 감을 잡으면 일취월장하지요. 이때까지는 아이의 흥미도에 맞춰 재미있는 책을 항상 아이의 시선이 머무는 곳에 자리 잡게 해주세요.

이 책에서 소개하는 말글책 놀이의 장점 중 하나는 아이와 엄마가 의미 있는 상호 작용을 한다는 거예요. 여기서 '의미 있는 상호 작용'이란 놀이 방법을 설명하고 규칙을 지키며 게임을 하는 과정에서도 대화가 오고 가지만, 더 중요한 지점은 엄마의 '질문'과 '공감'이라는 것입니다. 이를 위해 놀이하는 중간에 아이가 생각할 수 있는 적절한 질문을 던져주세요.

"더 재미있으려면 어떤 도구를 사용해볼까?"
"이번엔 왜 이런 결과가 나온 것 같아?"
"다음에는 어떤 작전을 쓸 거야?"
"누구랑 또 해보고 싶어?"

여기에 더해 아이의 상황에 공감하는 말도 많이 해주세요.

"○○랑 엄마가 힘을 합쳐서 결과가 더 좋았던 것 같아."
"이번엔 엄마가 이겼으니 축하해줘."
"져서 속상했구나. 한 번 더 도전해볼까?"
"주인공은 지금 마음이 어떨까?"

질문과 공감의 대화와 함께 서로 주고받는 따뜻한 눈빛과 몸짓도 당연히 필요 충분 조건입니다. 쉽지 않은 과정이겠지만 놀이가 끝나면 분명 아이가 이렇게 말하리라 확신합니다. "엄마랑 노는 게 정말 재미있어요!"

하루 20분
독서 루틴의 힘

거듭 강조하지만, 아이의 문해력을 키우는 가장 좋은 도구는 책이고, 행위는 독서입니다. 그래서 독서를 몸이 기억하도록 하면 가장 효과적이겠지요. 아이에 따라 다르겠지만 초등 1,2학년 정도면 한글을 충분히 읽을 수 있어 엄마가 책을 읽어주는 시간에 더해 '혼자만의 독서 시간'도 필요해요. 이 독서 시간만큼은 습관이 되도록 신경을 써야 합니다. '하루 20분'이 최소한으로 확보해야 할 시간이에요. '아침 독서 10분'을 이야기하기도 하지만, 실제로 해보면 10분은 너무 짧거든요. 충분히 책을 고르고 빠져들려면 최소한 5분 이상은 걸립니다. 초등학교에 갓 입학한 아이라면 10분으로 시작해서 매일 조금씩 늘려나가고요. 아이에게 체계적인 독서 루틴을 만들어주기까지 엄마가 고려해야 할 사항은 다음과 같습니다.

첫째, 같은 장소에서 읽도록 합니다. 어제는 안방, 오늘은 식탁, 이렇게 돌아다니기보다는 한 장소를 정해서 그곳에서만 읽는 것이 좋아요. 이왕이면 의자에 바르게 앉아서 읽도록 해주세요.

둘째, 같은 시간에 읽도록 합니다. 매일 똑같은 시간을 정하면 더 좋겠지만, 융통성 있게 저녁 식사 후 20분, 또는 학교 다녀와서 씻고 난 후 20분처럼 아이가 일과를 예상해서 자연스럽게 몸이 움직이도록 시간을 정해주세요.

셋째, 독서 시간 동안 책 교체는 한 번만 하도록 규칙을 정합니다. 20분 동안 2권 이상은 읽을 수 없도록 하는 것이지요. 꼭 이렇게까지 해야 하나 의아할 수도 있어요. 하지만 책 읽기를 힘들어하는 아이는 책을 펼쳐 한두 쪽을 휘리릭 넘겨버리고는 다른 책으로 바꾼답시고 왔다 갔다 하며 시간을 다 허비하거든요. 이런 사태를 막기 위해서 "책은 하루에 한 번만 교체할 수 있어"라고 단호하게 말해주세요. 그러면 책 읽기 싫은 아이들의 반응은 2가지예요. "다 읽었어요"와 "재미없어요"입니다.

반응 ① "다 읽었어요"라고 말하는 아이

"또 보면 훨씬 더 재밌어. 아까 못 본 게 보이거든. 이번에는 그림만 볼까? 그다음에는 글씨만 보는 건 어때?" 이런 식으로 반복해서 읽도록 제안해주세요.

반응 ② "재미없어요"라고 말하는 아이

"어머나, 그 이야기를 지금 작가님이 들으면 엄청 속상하겠는걸. 작가님의 생각을 들여다보며 다시 읽어보자." 솔직히 이 방법은 아이가 약간의 죄책감을 느끼게 될 수도 있지만, 독서 시간을 마친 후 작가에 대해 알아보는 시간을 가지면 괜찮아요. 어느 나라 사람인지, 또 다른 어떤 책을 썼는지 등을 함께 알아보세요.

가장 중요한 것은 하루 20분의 독서 시간이 아이의 루틴으로 자리 잡을 때까지 반드시 엄마도 아이와 함께 같은 장소에서 시간을 지키며 책을 읽어야 한다는 거예요. 엄마는 읽지 않으면서 아이한테만 강요하면 안 되지요. 사실 앞서 언급한 3가지 방법을 사용하면 독서가 습관이 되는데 그리 오래 걸리지 않습니다. 초등 1,2학년 시기에 탄탄하게 독서 루틴을 만들어놓았다면 아이가 성장하면서 자연스럽게 독서는 여가 활동의 단계로 넘어갈 거예요. 그때가 되면 진정 아이와 함께 좋은 책을 공유하고, 서로의 생각을 나누는 아름답고 성숙한 관계가 될 것입니다.

적절한 보상이
부리는 마법

하루 20분 독서 루틴 만들기나 독서 기록장 쓰기 등은 약간의 노력이 더 필요합니다. 이러한 행동이 습관으로 부드럽게 자리를 잡으려면 엄마가 잊지 않고 꼭 해야 할 것이 있지요. 바로 '적절한 보상'입니다. 엄마가 아이에게 적절한 보상을 해주면 아이의 행동이 강화되어 목적을 조금 더 쉽고 빠르게 달성할 수 있어요. 이때 보상에는 '내적 보상'과 '외적 보상'이 있습니다.

우선 내적 보상은 약속한 일을 해냈을 때 칭찬을 받거나 자신이 더 똑똑해졌다고 느끼는 감정으로, 눈에 보이지는 않지만 스스로 발전하고 있다고 느끼는 만족감, 성취감 등입니다. 반면에 외적 보상은 갖고 싶은 장난감, 달콤한 음식처럼 아이가 원하는 것을 선물로 주는 방법이지요. 그런데 보상은 아이를 발전시키기 위한 수단이지 목적이 아닙니다. 외적 보상으로 값비싼 장난감과 같은 큰 선물을 주는 것은 옳지 않아요. 스티커나 아이스크림처럼 소소하면서 보상의 횟수가 잦은 것이 좋지요. 작은 강화물과 함께 아이가 무엇을 잘했는지, 어떤 발전을 했는지를 구체적으로 말해주면 더 효과적이겠고요. 이때 칭찬과 격려의 말, 기분 좋은 미소는 필수입니다. 외적 보상의 강화물로 도서관에 다녀오면서 아이가 좋아하는 간식 먹기, 서점에서 아이가 원하는 책 사기, 재미난 문구류 사기, 여행지에서 특별한 서점이나 도서관 방문하기 등을 강력히 추천합니다.

말글책 놀이를 지속 가능하게 만드는 7가지 방법

❶ 놀이 순서는 상관없어요

'말놀이-글놀이-책놀이'의 순서로, 각각의 놀이를 어느 정도 난이도에 따라 배치했지만 어떤 놀이를 먼저 해도 상관없으니 아이의 흥미도에 맞춰주세요.

❷ 아이의 발달 단계를 고려해요

아직 한글 쓰기가 미숙한 아이는 말로 표현하게 해주세요. 미숙하지만 한글 쓰기를 어려워하지 않으면 아이가 하는 말을 엄마가 종이에 받아 적은 다음에 그것을 보고 아이가 쓰도록 해주세요. 또 한글을 뗐다고 해도 아직 맞춤법에는 익숙하지 않을 거예요. 의미만 맞으면 넘어가도 됩니다.

❸ 놀이에 진심이어야 해요

엄마도 진심으로 놀이에 참여해야 10배, 100배 재미납니다. 어쩔 수 없이 아이와 놀아준다고 생각하지 말고 동등한 위치에서 함께 놀이를 해주세요. 물론 게임을 할 때 일부러 져줄 필요는 없습니다.

❹ 질문과 소감을 나눠요

놀이 중 아이가 질문하면 바로 답해주기보다는 문제를 공유하고 끊임없이 대화하며 함께 답을 찾아나갑니다. 그러고 나서 놀이가 끝나면 평가하지 말고 소감을 물어보세요. 어떤 점이 재미있었는지, 다음에는 어떻게 하면 더 재미있고, 색다른 놀이가 될지 이야기하며 사고를 확장시켜줍니다.

❺ 놀이 방법과 규칙을 변형해요

현재 상태에 맞춰 놀이의 방법과 규칙은 얼마든지 바꿔도 됩니다. 아이의 의견을 반영해 변형한다면 문해력은 물론 창의력까지 쑥쑥 성장하겠지요.

❻ 놀이 결과물을 소중히 여겨요

아이가 쓴 글이나 그림, 만든 책 등을 귀하게 다룹니다. 작은 전시 공간을 마련해주고, 작품이 너무 많아지면 어디에 어떻게 보관하거나 처리할지 아이와 의논하면 좋아요. 특별한 의미가 있는 것은 타임캡슐에 보관해주세요.

❼ 놀이 모습이나 결과물을 사진이나 동영상으로 남겨요

놀이하는 그 자체가 아이의 성장 과정입니다. 놀이 모습이나 결과물을 사진이나 동영상으로 찍은 다음, 날짜와 상황을 파일명으로 적어 폴더에 보관하거나 가족 SNS(블로그, 밴드 등)를 만들어 올리면 사라지지 않는 기록이 되지요. 당시에는 보면 재미있고, 이후에는 행복한 추억으로 남을 거예요.

※ 글로만 읽어서는 이해하기 어려운 그림 노래 놀이나 책 만들기 놀이 등은 해당 쪽에 있는 QR 코드를 스캔하면 영상으로 도움받을 수 있습니다.

말놀이를
해야 하는 이유

아이와 엄마가 질 높은
상호 작용을 할 수 있는 최고의 방법

1995년 미국의 심리학자 베티 하트Betty Hart와 토드 리즐리Todd Risely는 '만 3세까지 접하는 3,200만 단어의 차이'라는 논문을 발표했습니다. 만 3세까지 고소득층의 자녀는 시간당 평균 2,100개의 단어를 듣지만, 빈곤층의 자녀는 600개의 단어를 듣기 때문에 결과적으로 만 3세가 될 때까지 빈곤층의 자녀는 고소득층의 자녀보다 3,200만 단어를 덜 듣게 된다는 충격적인 내용이었지요. 이 격차는 시간이 갈수록 더 커져 학령기의 글을 읽고 쓰는 능력에 많은 차이가 발생한다는 것이 통념처럼 자리매김하게 되었고요.

그런데 최근 미국에서 같은 조건으로 연구를 재현한 결과 고소득층이나 빈곤층의 자녀가 듣는 단어의 수는 크게 차이가 없다는 결과가 나왔습니다. 그렇다면 왜 빈부 격차에 따라 아이의 언어 능력이 차이가 날까, 의문을 품고 있던 중 MIT(매사추세츠공과대학교), 하버드대학교 등의 연구진이 4~6세 아동을 대상으로 두뇌 스캐너, 자연 언어 처리 시스템 등으로 검사를 했습니다. 그 결과 일방적으로 듣는 단어의 수보다는 성인과 주고받는 대화가 두뇌 활성화 및 성취도와 더욱 관련이 있다는 사실을 밝혀냈어요. 즉, 성인과 질 높은 대화를 많이 할수록 IQ는 물론 언어 이해력, 단어 표현 능력 등 언어 발달에 도움이 된다는 것이지요.

아이의 언어 발달을 위해 최대한 '수다쟁이 엄마'가 되라고 합니다. 영유아기에 엄마가 아이에게 건네는 다정하고 풍부한 말은 정서적인 안정감은 물론 언어 능력 향상에 절대적인 영향을 미치니까요. 하지만 아무리 애정이 넘치는 엄마라도 아무 준비 없이 계속 대화를 이어가기란 힘들어요. 이때 가장 재미있게, 또 효과적으로 대화를 이어가는 방법이 앞으로 소개할 '말놀이'예요. 예로부터 전해 내려오는 전통 말놀이나 말로 즐기는 게임은 규칙이 간단하고, 준비물이 없거나 간편해서 남녀노소 누구나 부담 없이 할 수 있고 종류도 다양합니다. 게다가 승부를 가리는 놀이도 있어서 하다 보면 은근히 승부욕이 생기나 흥미진진해져요. 놀이 후에는 어떻게 이겼는지, 왜 진 것 같은지 등 전략을 물어보거나 다음번에는 어떻게 변형하여 놀고 싶은지 이야기를 나눠보세요. 효과적인 질문은 아이를 생각하게 만들고, 아이가 하는 말에 엄마가 적극적으로 반응할수록 질 높은 상호 작용이 된다는 사실을 꼭 기억하기를 바랍니다.

새로운 어휘를 풍부하게 사용하는
절대 시간 확보

문해력이 아이 안에 탄탄하게 뿌리를 내리기 위해서는 가장 먼저 '구어(입말, 귀로 듣고 입으로 말하는 언어)'가 발달해야 합니다. 물론 문해력은 '문어(글말, 읽고 쓰는 문자로 나타내는 언어)'를 구사하는 능력이지만, 그 바탕에는 구어가 있거든요. 이러한 구어를 발달시키는 최적화된 활동이 바로 말놀이입니다. 말놀이를 하려면 무엇보다 먼저 놀이 규칙이나 상대방이 하는 말을 잘 듣고 이해해야 하며, 자기 생각을 확실하게 말로 표현해야 하기에 구어 발달에 큰 도움을 준답니다.

말놀이를 통해 얻을 수 있는 가장 큰 효과 중 하나는 새로운 어휘를 사용할 기회가 늘어난다는 것입니다. 어휘력의 격차는 학습력의 격차로 이어지고, 학년이 올라갈수록 그 간극은 점점 더 벌어지게 되지요. 하지만 초등 2학년까지 어휘력 키우기는 말놀이와 그림책 읽기만으로도 충분해요. 그래서 말놀이를 할 때 최대한 많은 어휘에 노출시키는 것이 중요합니다. 초성 퀴즈나 낱말 만들기, 십자말풀이와 같은 놀이를 할 경우 아이들은 자신의 수준보다 어렵거나 생소한 단어를 많이 듣게 되지요. 이때 아이가 단어의 뜻을 물어보면 아이의 눈높이에 맞춰서 이야기를 해주세요. 너무 장황하게 설명하면 놀이의 흐름이 끊기니, 놀이가 끝난 다음에 예를 들어 설명하면 금상첨화겠지요. 어휘가 충분히 충전되어 있어야 책 읽기도 글쓰기도 수월해지니까요. 세상은 알고 있는 어휘만큼만 보인다는 사실을 잊지 마세요.

언제 어디서나 즐기는
말놀이 58

전통 말놀이

잰말 놀이 • 그림 노래 놀이 • 끝말잇기
공당 놀이 • 꽁지 따기 말놀이 • 삼행시 짓기
주고받는 말놀이 • 다섯 고개 놀이 • 말허리 잇기
수수께끼 • 속담 놀이 • 십자말풀이

청기 백기 게임 • 낱말 기억 게임 • 지시대로 그리기 게임
보물찾기 • 거꾸로 똑바로 게임 • 스피드 낱말 퀴즈
번갈아 말하기 게임 • 손가락 접기 게임 • 빙고 게임

말로 즐기는 게임

어휘 놀이

주제에 맞게 말하기 • 초성 퀴즈 • 말 덧붙이기
5글자 놀이 • 낱말 낚시 놀이 • 낱말 만들기
순우리말 놀이 • 맞춤법 징검다리 놀이

간장 공장 공장장은 누구일까
● 잰말 놀이 ●

■■■ 간장 공장 공장장은 누구일까요? 누구긴요. 강 공장장이지요. 혹시 눈치챘나요? 오늘은 아이와 함께 이분을 소환해볼까요? 발음하기 어려운 문장을 빠르고 정확하게 말하는 잰말 놀이는 '빠른 말 놀이'라고도 해요. 잰말 놀이에서 사용하는 문장은 비슷하지만 서로 다른 소리를 교차시켜 일부러 어렵게 만들었어요. 그래서 여러 번 반복하다 보면 은근히 승부욕도 발동하지요. 잰말 놀이는 정확한 발음을 하는 데 도움을 주는 것은 물론 듣기 집중력과 음운 이해력을 높여줍니다. 또 큰 소리로 하면 자신감도 덤으로 생긴답니다.

1. 우리, 틀리지 않고 빨리 말하는 놀이하자.

   "한 글자도 빠뜨리지 않고 정확한 발음으로 말해야 해."

2. 어떤 말부터 하면 좋을까? '가나다라…'부터 시작해보자.

   TIP 부담 없이 가볍게 시작할 수 있도록 받침이 없고 쉬운 발음으로 시작하세요.

   "큰 소리로 말해볼까? 옆집까지 들리도록 말이야."

   예 가나다라마바사아자차카타파하

   　　고노도로모보소오조초코토포호

3. 이번에는 '가나다라…'에 받침을 넣어서 빠르게 말해볼까?

   "중간에 빠뜨리는 글자 없이 큰 소리로 말해보자."

   예 간난단란만반산안잔찬칸탄판한

   　　깅닝딩링밍빙싱잉징칭킹팅핑힝

4. 와, 정말 잘하네! 이제 엄마랑 한 단계 더 높여 큰 소리로 말해보자.

   TIP '국민 잰말 놀이'라 불릴 만한 친숙한 문장입니다. 재미있게 읽어보세요.

   예 저 들의 콩깍지는 깐 콩깍지인가, 안 깐 콩깍지인가.

   　　멍멍이네 꿀꿀이는 멍멍해도 꿀꿀하고, 꿀꿀이네 멍멍이는 꿀꿀해도 멍멍한다.

   　　저기 저 뜀틀이 내가 뛸 뜀틀인가, 내가 안 뛸 뜀틀인가.

   　　앞뜰에 있는 말뚝이 말 맬 말뚝이냐, 말 못 맬 말뚝이냐.

   　　옆집 팥죽은 붉은팥 팥죽이고, 뒷집 콩죽은 검은콩 콩죽이다.

5. 이렇게 어려운 문장 말하기를 '잰말 놀이'라고 해. 여기서 퀴즈!

"간장 공장 공장장은 강 공장장이고, 된장 공장 공장장은 장 공장장이다. 간장 공장장과 된장 공장장의 성씨는 각각 무엇일까요?"

"내가 그린 기린 그림은 잘 그린 기린 그림이고, 네가 그린 기린 그림은 잘 못 그린 기린 그림이다. 네가 그린 동물의 이름과 그림의 상태는 어떤가요?"

낱말 연속 말하기

발음하기 어려운 낱말을 연속해서 5번 빠르고 정확하게 말하는 놀이예요.

1. 같은 낱말을 5번 연속해서 말해요.

  예 홍합-홍합-홍합-홍합-홍합

2. 낱말의 글자 수를 3개로 늘려 연속해서 말해요.

  예 왕밤빵-왕밤빵-왕밤빵-왕밤빵-왕밤빵

3. 낱말의 글자 수를 계속 늘려나가면서 속도를 높여요.

  예 춘천닭갈비-춘천닭갈비-춘천닭갈비-춘천닭갈비-춘천닭갈비

4. 난이도가 높은 낱말을 선택해서 게임으로 진행해보세요.

  예 김치볶음밥, 돌솥비빔밥, 뽕잎쌈생채, 숯불불고기, 안흥팥찐빵, 찹쌀콩찰떡 등

  TIP 처음부터 5번을 연속해서 말하기 힘들어하면 3번부터 시작해도 됩니다.

* 한글을 못 읽는 아이는 엄마가 하는 말을 듣고 따라 할 수 있도록 정확히 발음해주고, 아이가 한글을 잘 읽는다면 잰말 놀이의 문장을 직접 또박또박 읽게 해주세요. '가나다라…'를 빠르게 말할 때 아이들은 빨리 말하기 위해 중간에 글자를 빠뜨리기도 해요. 그래서 처음에는 엄마와 함께 천천히 말해본 다음에 본격적으로 진행하는 것이 좋아요.

* 잰말 놀이의 문장을 발음하는 데 어느 정도 익숙해지면 스톱워치를 사용해서 누가 더 빨리 말하는지 시간을 재는 게임으로 즐길 수 있어요. 이때 기존의 문장을 사용해도 좋지만, 아이와 놀이에 활용할 문장을 함께 만들어보세요.

* 『간장 공장 공장장』(한세미, 꿈터, 2015)을 읽어보세요. 된장, 고추장, 간장, 쌈장, 강된장 공장 공장장님들이 등장해 말의 재미를 더해주며 우리 음식인 장류(된장, 고추장, 간장 등)에 대한 정보도 알 수 있어요.

아이고, 무서워 해골바가지
● 그림 노래 놀이 ●

■■■ 아이들은 동요를 부르며 감수성이 풍부해지고 타인의 감정을 이해하는 공감 능력도 생기니 함께 장단을 맞춰주세요. 오늘은 아이와 간단한 노랫말에 맞춰 그림을 그리는 놀이를 해보세요. 쓱쓱 선을 몇 개 그었을 뿐인데 그림 하나가 완성되니 굉장히 흥미로워하지요. 그림 노래 놀이는 잘 듣고 나서 그림을 그리는 활동이기 때문에 청각 주의력 발달은 물론 음운 인식 습득에도 도움을 준답니다.

1. 우리, 즐겁게 노래 부르며 그림 그리는 놀이하자.

"아주 간단한 노랫말에 맞춰 그림을 그리는 놀이야."

"엄마는 어렸을 때 노래 부르면서 많이 그려봤거든. 진짜 재밌었어. 함께해볼까?"

2. 엄마가 먼저 노래 부르며 그려볼게.

TIP 노래를 한 소절씩 부르면서 그림을 그려주세요.

"귀는 활짝 열고, 눈은 크게 뜨고 봐야 해. 눈 깜짝할 사이에 그림이 완성되거든."

3. 먼저 무시무시한 해골 그림으로 시작하겠습니다!

"아침 먹고 땡. / 점심 먹고 땡. / 저녁 먹고 땡. / 창문을 열어보니
비가 오네요. / 지렁이 3마리가 기어가네요. / 아이고, 무서워. 해골
바가지."

4. 그림 노래에 동글동글 곰돌이도 빠질 수 없지.

"커다란 쟁반에 빵이 3개 있는데 / 아빠 하나 드세요. / 엄마 하나
드세요. / 6×6은 36. / 6×6은 백두산. / 곰이 되었네."

5. 이번에는 귀여운 참새 한 마리를 그려볼까?

"동그란 접시에 까만 콩을 / 아빠는 한 그릇, 엄마는 두 그릇, 나는
한 그릇. / 입으로 먹었더니 배가 불러서 / 앞다리가 뽕뽕, 뒷다리
가 뽕뽕, 참새가 되었네."

6. 마지막으로 그림에 어울리는 이름을 지어 예쁘게 쓰자.

　예 꾸불텅꾸불텅 해골바가지, 구구단 박사 곰돌이, 뿅뿅 짝짹이 등

노래하며 손뼉 치는 놀이

상대방의 손을 맞잡고 "쎄쎄쎄"로 시작해서 노래에 맞춰 손뼉을 치는 놀이예요.

1. 두 사람이 서로 쳐다보고 반 주먹 상태로 서로의 손을 가볍게 마주 잡아요.
2. "쎄쎄쎄"를 말하며 마주 잡은 손을 위아래로 3번 가볍게 흔들어요.
3. 손뼉 치는 방법은 손바닥이 맞닿게 마주치기, 엇갈려 치기, 위아래 치기 등이 있어요.
4. 다양한 노래를 부르며 손뼉을 쳐요.

　예 반달, 퐁당퐁당, 어깨동무, 예쁘지 않은 꽃은 없다 등

> **TIP** 노래하며 손뼉 치는 방법(아침 바람 찬바람에~, 신데렐라는 어려서~ 등)은 엄마가 어렸을 때 하던 방법으로 해도 되며, 동작이 좀 달라도 상관없어요. 노랫말에 맞게 정해진 동작을 기억해서 바르게 손뼉을 쳐야 하기에 언어 이해력과 리듬감, 사회성이 좋아져요. 하지만 제일 좋은 것은 아이와 눈을 마주치고, 서로의 손을 마주 잡으며 따뜻한 온기를 느낄 수 있다는 거예요.

> **TIP** 옛날부터 전해 내려오는 전래 놀이 중 손으로 하는 쎄쎄쎄, 묵찌빠, 하나 빼기 등은 도구가 전혀 필요 없고, 또 공기놀이나 실뜨기는 공기와 실만 있으면 언제 어디서나 쉽게 할 수 있으니 자투리 시간에 즐겨보세요.

* 그림 노래 놀이는 옛날부터 전해 내려오는 전래 놀이이기 때문에 노래와 그림이 조금씩 달라요. 인터넷을 검색하면 동물은 물론 아이들이 좋아하는 캐릭터도 그림 노래로 소개하는데, 사실 창의력만 발휘한다면 무궁무진하게 만들어낼 수 있지요. 아이와 새로운 그림 노래를 탄생시켜보세요. 그래서 아이가 노래하며 그림 그리는 모습, 이름을 지은 이유를 말하며 글자로 쓰는 모습까지 영상으로 남겨보세요. 성장기의 즐거운 모습으로 추억할 수 있을 거예요.

* 그림의 특징을 살려 지은 이름이나 아이가 만든 노랫말을 직접 써보게 하는 등 즐겁게 글씨를 쓰는 기회를 마련해주세요. 한글 쓰기가 아직 미숙하면 엄마가 따로 적어준 다음에 따라 쓰게 해도 좋답니다.

* 「께롱께롱 놀이 노래」(편해문, 보리, 2008)에는 아이들이 하루 종일 놀면서 부르는 노래 50곡이 음반과 함께 담겨 있어요. 말놀이를 노래로 부를 수 있어 듣고 있으면 어깨가 들썩이지요. 아이가 흥겹게 놀며 목청껏 부르도록 해주세요.

소시지처럼 줄줄이 이어보자
● 끝말잇기 ●

■■■ 아이들에게 가장 익숙한 말놀이는 끝말잇기가 아닐까요? 다양한 '말 잇기 놀이' 중 끝말잇기가 가장 쉽고 재미나지요. 끝말잇기가 잘된다면 노래에 맞춰 진행하는 '첫말 잇기'로 넘어가보세요. 말 잇기 놀이를 하다 보면 많은 낱말을 다루게 되어 어려운 낱말도 나오지요. 이때 낱말의 뜻은 물론 한자어에 대해서도 자연스럽게 설명해주면 어휘력이 향상된답니다.

1. 우리, 소시지처럼 줄줄이 이어지는 끝말잇기를 하자.

   "끝말잇기는 한 사람이 어떤 낱말을 말하면 그다음 사람이 그 말의 끝음절을 첫음절로 시작하는 낱말을 말하며 계속 이어가는 놀이야."

   "엄마가 '바다'라고 말하면 너는 '바다'의 끝음절인 '다'로 시작하는 낱말을 말해야 해. 네가 '다리미'라고 말한다면 엄마는 '미'로 시작하는 낱말인 '미역'을 말하며 계속 이어가는 거야."

2. 어떤 낱말로 시작하면 좋을까? 네가 시작하면 엄마가 뒤를 이어볼게.

   "우리 ○○가 좋아하는 낱말로 시작하자."

   "'자전거'라고? 음, 그럼 엄마는 어떤 낱말로 이어갈까?"

   예 자전거-거미-미소-소풍-풍선-선물-물고기…

3. 와, 대단한데! 끝말잇기를 잘하니 이번에는 '첫말 잇기'를 해보자.

   "끝말잇기가 끝음절로 이어갔다면 '첫말 잇기'는 첫음절이 같은 글자인 낱말로만 이어가는 거야. 한번 해볼까?"

   "낱말 하나를 말할 때마다 손가락을 접으면서 해보자. 5번을 접으면 '한 박자 쉬고!'라고 외친 다음에 다시 손가락을 접는 거야. 이제 '기'로 첫말 잇기를 손가락으로 세어보며 하자."

   예 기린-기러기-기차-기사-기름-한 박자 쉬고!-기둥-기구-기계-기생충-기역-두 박자 쉬고!-기와-기와집-기운-기적-기슭-세 박자 쉬고! …

끝 글자 잇기

끝음절이 같은 글자인 낱말로 이어가는 놀이예요.

1. 먼저 "리 리 리 자로 끝나는 말은…" 노래를 불러요.

   예 ♬ 리 리 리 자로 끝나는 말은 / 괴나리 보따리 댑싸리 소쿠리 유리 항아리 / 리 리 리

   자로 끝나는 말은 / 꾀꼬리 목소리 개나리 울타리 오리 한 마리

2. '이', '지'로 끝나는 말을 노래로 만들어 아이와 불러보세요.

   예 ♬ 이 이 이 자로 끝나는 말은 / 고양이 올챙이 원숭이 호랑이 아이 어린이

   ♬ 지 지 지 자로 끝나는 말은 / 강아지 두더지 망아지 송아지 엄지 아버지

   TIP 여러 번 연습했는데도 첫음절, 끝음절이 같은 낱말을 찾는 데 어려움을 겪는다면 난독증을
   의심해볼 수 있어요. 하지만 난독증의 진단은 반드시 전문가와 상의해야 합니다.

●●● 친절한 제언

> * 끝말잇기의 규칙은 한 글자 낱말은 사용하지 못하며, 한 놀이에서 같은 낱말을 2번 이상
>   말할 수 없고, 낱말(명사)로 이어가야 한다는 것입니다. 그런데 놀이를 하다 보면 가장 걸
>   리는 지점이 바로 '두음 법칙'의 적용이지요. 'ㄴ, ㄹ'로 시작하는 낱말의 경우, 'ㄴ'은 'ㅇ'
>   으로, 'ㄹ'은 'ㅇ'이나 'ㄴ'으로 대체가 가능하거든요. 예를 들어 '소녀'는 '여행'으로, '어른'
>   은 '은행'으로 이어갈 수 있는 거예요. 아이들에게 좀 어려울 수는 있지만, 이때를 놓치지
>   않고 두음 법칙에 대해 구렁이 담 넘어가듯 슬쩍 설명하면 놀이 속에서 문법을 접하는
>   기회가 된답니다.
>
> * 첫말 잇기를 할 때는 그냥 이어갈 수도 있지만, 손가락으로 5개씩 세며 "한 박자 쉬고!, 두
>   박자 쉬고!"와 같은 추임새를 넣으면 박자감도 생기면서 훨씬 더 재미있게 할 수 있어요.

＊ 말 잇기 놀이는 보통은 말의 형태로만 즐기지만, 현재 아이가 한글 쓰기에 재미를 느끼고 있다면 엄마와 마주 앉아 침묵한 상태에서 한 장의 종이를 주고받으며 글로 써볼 수도 있어요.

＊ 『끝말잇기 동시집』, 『첫말 잇기 동시집』(박성우, 비룡소, 2019)을 읽어보세요. 엉뚱하고 발랄하면서도 끝말잇기와 첫말 잇기만으로도 재미있는 시가 된다는 사실을 알려주지요.

그대는 어딜 가는공
● 공당 놀이 ●

■■■■ 오늘은 아이와 어른의 말을 구분하지 않는 공당 놀이를 해보세요. "~공?"으로 묻고, "~당!"으로 답하는 놀이지요. 이처럼 재미를 위해 말의 형태를 바꾸거나 반복하는 '언어유희'를 요즘은 '드립Drip'이라고 하며 대중음악의 한 장르인 힙합에서 많이 사용해요. 청각적 효과를 강조한 말놀이는 음절을 구분하는 데 도움을 주고, 입에 착 감기는 표현으로 우리말의 맛과 멋을 경험하게 해준답니다.

1. 우리, 옛날 어르신들이 하셨다는 공당 놀이를 해보자.

   "서로 물어보고 대답하는 놀이야."

2. 공당 놀이는 규칙이 하나 있어. 물어보는 사람은 말끝에 "~공?"을 붙여서 끝 내고, 대답하는 사람은 "~당!"을 붙여서 끝내야 해.

   TIP 놀이 규칙은 단순 설명만으로는 이해하기 어려우니 꼭 예를 들어주세요.

   "만약에 엄마가 '손은 닦았는공?' 이렇게 '~공?'을 끝음절로 물어보면 너는 '아직 안 닦았당!' 이렇게 '~당!'이 끝음절이 되도록 대답하는 거야."

3. 엄마가 먼저 시작해볼게.

   예 밖에 비가 그쳤는공?-무지개가 떴당!

   　구구단은 외웠는공?-어려워서 외우기 싫당!

4. 이번에는 네가 물어보고, 엄마가 대답하는 것으로 바꿔보자.

   "서로 공당으로 묻고 대답하다가 말이 안 되어 꼬이면 역할을 바꾸는 거야."

   예 지금 게임해도 되겠는공?-안 된다고 본당!

   　자전거 타러 나가도 되는공?-헬멧이랑 보호대 차고 나가면 된당!

5. 우리도 옛날 어르신들처럼 "에헴"을 앞에 붙여보면 어떨까?

   "턱에 수염은 없지만, 수염을 쓰다듬는 것처럼 행동하며 말하면 재미있겠지?"

   예 에헴, 일요일에 놀이동산에 가는 건 어찌 생각하는공?-에헴, 대찬성이당!

   　에헴, 저녁 반찬은 무엇인공?-에헴, 맛있는 김치볶음밥이당!

대답하면 지는 놀이

질문은 마음대로 할 수 있지만, 대답은 무조건 "당연하지!"라고 하고, 이어서 또 질문하는 놀이예요. 그래서 "예", "아니오" 등 다른 대답을 하면 지게 되지요.

1. 질문하는 사람이 먼저 마음대로 물어봐요.

    예 너 어젯밤에 이불에 오줌 쌌다며?

    2 더하기 3은 8이지?

2. 대답은 "당연하지!"라고만 하고, 상대에게 바로 질문하며 놀이를 이어가요.

    예 당연하지! 그런데 너는 오줌싸개를 좋아한다며?

    당연하지! 그런데 너 수학 시험 0점 맞았다며?

    TIP 얼굴을 마주 보고 빠르게 묻고 답하기 때문에 "밥 먹었어?"와 같은 간단한 질문을 듣고 오히려 얼떨결에 답을 해버리거나 먼저 흥분하는 사람이 져요. 얼핏 말장난 같지만 직접 해보면 언어 활용에 대한 순발력도 생기고 웃음을 참기 힘들게 재미나지요.

●●● **친절한 제언**

＊ 끝음절인 "~공?", "~당!"으로 묻고 대답하기가 잘되면 아이와 논의해서 끝음절을 다른 글자로 바꿔도 좋아요. 예를 들면 "~나?", "~지!" 이렇게요. 한글의 아기자기한 매력이지요.

＊ '맹사성의 공당 문답 이야기'는 지어낸 옛날이야기가 아닌 사실을 바탕으로 전해 내려오는 이야기예요. 아이에게 조선이라는 시대상이나 경로사상에 대해 말해줄 수 있고, 선비, 벼슬, 한양과 같은 낱말이 이야기에 등장해 은연중 배경지식이 쌓이지요.

맹사성의 공당 문답 이야기

'공당 놀이'는 '공당 문답'이라고도 하는데, 조선 시대 학자인 맹사성과 젊은 선비의 일화에서 시작되었어요. 하루는 맹사성이 쉬고 있는데 젊은 선비가 와서 말을 걸었어요. 맹사성의 검소한 옷차림과 행색 때문에 가벼이 여겨 장난을 치고 싶었던 거예요. 젊은 선비는 질문하는 사람은 말끝에 "~공?"을 붙이고, 대답하는 사람은 "~당!"으로 끝내며 말을 이어보자고 했어요.

맹사성: 그대는 어딜 가는공?

선비: 벼슬 구하러 한양에 간당!

맹사성: 그럼 내가 벼슬 하나 줄공?

선비: 에이, 당신에겐 가당찮은 소리당!

그 후 조정으로 올라와 시험을 주관하게 된 맹사성은 응시자 자격으로 온, 함께 장난치던 그 젊은이를 만나게 되었어요. 맹사성이 웃으며 "자네, 나를 알아보겠는공?" 하고 묻자, 젊은 선비는 그제야 맹사성을 알아보고 "난 이제 죽었당!"이라 답을 하고 깊이 사죄했다고 해요. 그때부터 맹사성은 젊은 선비를 잘 보살펴 줬다고 전해지지요.

원숭이가 똥구멍 이야기는 빼달래
● 꽁지 따기 말놀이 ●

■■■ 꽁지 따기 말놀이를 아세요? '꽁지'는 주로 기다란 물체나 몸통의 맨 끝부분으로, 문장
의 마지막 말을 이어서 연결하는 놀이예요. 자주 사용하지 않는 말이라 조금 낯선가
요? "원숭이 똥구멍은 빨개~ 빨가면 사과~" 이제 알겠지요? 꽁지 따기 말놀이는 혼자
서도 할 수 있지만, 상대가 있어 주고받는 말놀이가 되면 흥미진진한 대결을 할 수도
있어요. 함께하게 되면 일단 상대의 말을 잘 들어야 하기에 집중해서 듣는 능력과 언
어 순발력, 또 상황에 따른 문장 구사력, 어휘력과 표현력이 쑥쑥 성장한답니다.

1. 우리, 끝나지 않는 노래를 부르는 꽁지 따기 말놀이를 하자.

   "꽁지 따기 말놀이는 비슷한 것을 떠올려서 말을 이어가는 놀이야."

2. 옛날부터 전해 내려오는 놀이인데, "원숭이 똥구멍은 빨개~"로 시작했단다.

   TIP 대상의 공통점을 떠올리며 계속 끝부분을 이어가는 노래라고 이야기해주세요.

   "원숭이 똥구멍은 빨개–빨가면 사과–사과는 맛있어–맛있으면 바나나–바나나는

   길어–길으면 기차–기차는 빨라–빠르면 비행기–비행기는 높아–높으면 백두산

   … 이 노래는 안 끝나. 다시 시작해. 정말이야, 안 끝나. 처음부터 시작!"

3. 우리는 어떤 문장으로 시작해볼까?

   "원숭이 똥구멍 말고, 원숭이를 넣어서 다르게 시작해보는 건 어때?"

   예 원숭이 꼬리는 길어–길면 도마뱀–도마뱀은 무서워–무서운 건 주사기–주사기는 뾰

   족해–뾰족한 건 고슴도치–고슴도치는 따가워…

   "엄마는 '우리 집 강아지는 귀여워'로 시작해볼게."

   예 우리 집 강아지는 귀여워–귀여운 건 햄스터–햄스터는 작아–작은 건 개미–개미는

   힘이 세–힘센 건 슈렉–슈렉은 초록색–초록색은 나뭇잎…

4. 이번에는 한 문장씩 주고받으며 해보자.

   "어떤 말로 시작해볼까? 먹는 건 어때?"

   예 짜장면은 맛있어–맛있는 건 복숭아–복숭아는 달콤해–달콤한 건 아이스크림–아이

   스크림은 차가워–차가운 건 얼음–얼음은 딱딱해…

말 잇기 기차 놀이

말 잇기 놀이(끝말잇기, 첫말 잇기, 끝 글자 잇기, 말허리 잇기 등)를 하며 기차 그림 안에 글로 써보세요.

1. 기차의 맨 앞 칸만 다르게 그린 다음, 그 뒤로 연결되는 기차는 낱말이나 문장을 쓸 수 있도록 가운데를 비워 10칸 이상 그려요.
2. 기차 그림이 완성되면 그 안에 말 잇기 놀이 중 하나를 선택해서 글로 써요. 엄마와 아이가 교대로 써도 좋고, 아이 혼자 써도 좋아요.
3. 완성된 기차 그림은 전시하고 큰 소리로 읽어요.

> **TIP** 다양한 글쓰기를 위해 활용하는 기차 그림이니 간단하게 그려도 괜찮아요.

> **TIP** 한글 쓰기가 어려운 아이의 경우는 아이가 말하는 대로 엄마가 바르게 써주거나, 따로 써서 아이가 보고 쓸 수 있게 해주세요.

●●● **친절한 제언**

* 꽁지 따기 말놀이도 말 잇기 기차 놀이처럼 글쓰기로 즐길 수 있어요. 하지만 아직 한글 쓰기가 익숙하지 않다면 말놀이로만 즐겨도 충분해요. 언어 발달은 듣기와 말하기 다음에 읽기와 쓰기로 이어지니까요. 의미에 맞는 말로 표현하는 것 자체가 읽고 쓰기를 위한 준비 운동이에요.

* 꽁지 따기 말놀이를 하면 머릿속에서 그림이 그려지듯 연상 작용이 일어나고, 운율이 딱딱 맞아떨어지기 때문에 시적인 재미가 있어요. 아이와 함께 써놓은 말놀이 기차의 글을 연결해 조금만 수정하면 동시가 되지요. 의미 있는 마무리로 동시 짓기를 추천합니다.

＊『시리동동 거미동동』(권윤덕, 창비, 2003)을 읽어보세요. 제주도를 배경으로 해녀 엄마를 기다리는 소녀의 하루를 꽁지 따기 말놀이로 엮은 그림책이에요.

＊『말놀이 나라 쫑쫑』(허은미, 비룡소, 2000)에는 할머니가 이야기를 좋아하는 아이에게 해 주는 꽁지 따기 말놀이는 물론 옛날부터 전해 내려오는 재미난 이야기와 수수께끼, 짧은 시 등이 담겨 있어요.

나는야 어린이 시인
● 삼행시 짓기 ●

■■■ 삼행시 짓기는 생각보다 쉽지 않아요. 먼저 첫음절을 맞추고 3줄이 연결되어 의미를 이뤄야 훌륭한 삼행시거든요. 그래서 초반에는 2음절로 시작해서 점점 음절 수를 늘려가는 것이 좋아요. 삼행시 짓기는 시적 감수성을 깨워주며 생각을 간결한 언어로 표현하는 법을 은연중에 배우게 하지요.

1. 우리, 규칙이 있는 3줄 시, 삼행시를 지어보자.

   "삼행시 짓기는 3글자로 된 낱말의 첫음절을 시작으로 어울리도록 말을 연결하는 놀이야."

2. 우선은 2글자 낱말부터 시작하면 좋을 것 같아.

   "2글자 낱말은 진짜 많은데, 그중에서 물에 사는 동물로 해볼까? 꽁치, 멸치, 새우, 연어, 삼치, 상어, 고래."

   예 꽁: 꽁꽁 언 아이스크림이 나는 좋아.

   　치: 치과 가고 싶지 않으니 먹고 이 닦아야지.

3. 이번에는 3글자 낱말로 삼행시를 지어볼까?

   "3글자 낱말로는 뭘 할까? 땅에 사는 동물로 해보자. 코끼리, 거북이, 너구리, 침팬지, 호랑이… 정말 많네!"

   예 코: 코끼리야, 심심하니?

   　끼: 끼리끼리 친구들과 앉아서

   　리: 리 리 리 자로 끝나는 말은? 노래해봐. 재밌어!

4. 우리 ○○가 인제 보니 꼬마 시인인걸. 사행시까지 지어보자. 도전!

   "4글자 낱말에는 뭐가 있을까? 이번에는 꽃으로 해볼까? 아카시아, 코스모스, 해바라기, 맨드라미."

   예 아: 아름다운 목소리를 자랑하는

   　카: 카나리아 한 마리.

시: 시원하게 물 한 모금 마시고는

아: 아리아를 부르네요. 아~~~

친구나 가족 이름으로 삼행시를 짓되, 칭찬하는 말을 넣어서 지어요.

1. 친한 친구 이름을 골라 칭찬하는 말을 넣어 삼행시를 지어요.

   예 이: 이하늘은 친구를 잘 도와줘요.

   하: 하늘이는 보조개가 사랑스러워요.

   늘: 늘 지금처럼 얼굴도 마음도 예쁘길!

2. 가족의 이름으로 칭찬하는 삼행시를 짓고, 예쁜 종이에 적어 잘 보이는 곳에 붙여보세요.

   TIP 칭찬 이름 삼행시 짓기는 이름이 2번 들어가기 때문에 칭찬할 내용만 잘 찾으면 일반 삼행시 짓기보다 오히려 쉬울 수 있어요. 상대방의 장점을 찾아야 하니 관찰력은 덤으로 생기고, 말하는 아이나 듣는 아이나 칭찬을 주고받아 서로 뿌듯해하지요.

   TIP 어른들(할아버지, 할머니, 선생님 등)의 생신 카드에 칭찬 삼행시를 넣어 써보세요. 어른들도 자신의 이름을 다정하게 불러주기에 좋아하는 것은 물론 칭찬의 말이 구체적으로 들어가기 때문에 굉장히 즐거워하지요. 꼭 한번 해보세요.

＊ 처음에는 말을 연결하는 능력이 부족해서 삼행시가 마치 첫 글자 잇기처럼 내용이 끊어질 거예요. 그래도 상관은 없어요. 하지만 엄마가 시범을 보이면서 내용이 이어지면 더 멋진 시가 된다고 이야기해주세요.

＊ 삼행시 짓기는 교육적 효과가 높고, 아이들이 쉽게 다가간다는 장점이 있어 요즘은 '삼행시 일기 쓰기'도 많이 한답니다.

＊ 『삼행시의 달인』(박성우, 창비, 2020)은 유쾌하고 기발한 삼행시로 가득해요. 아이와 교대로 첫 글자 운을 띄우며 읽어보세요.

주거니, 받거니, 옳거니
● 주고받는 말놀이 ●

■■■■ 주고받는 말놀이 역시 대표적인 말 잇기 놀이 중 하나예요. '묻고 답하는 노래'를 보면 어떤 놀이인지 바로 고개를 끄덕일 거예요. "하나는 뭐니?-숟가락 하나 / 둘은 뭐니? 젓가락 둘 / 셋은 뭐니?-세발자전거 바퀴 셋…" 이렇게 열까지 이어가면 되는데, 쉬워 보이지만 막상 아이들과 해보면 숫자가 커질수록 어려워해요. 그래서 대상을 정해놓고 관찰하면서 대답하거나 '모양'이나 '색깔'로 물어도 좋아요. 주고받는 말놀이는 질문하고 대답하는 과정을 통해 관찰력과 사고력을 발달시키고, 또 어휘력을 풍부하게 만들어준답니다.

1. 우리, 주고받는 말놀이를 하자.

   "오늘 놀이는 '묻고 답하는 노래'를 들으면 알 수 있을 거야. 잘 들어봐."

   "하나는 뭐니?-해님 하나 / 둘은 뭐니?-콧구멍 둘 / 셋은 뭐니?-지게 다리 셋 /
   넷은 뭐니?-밥상 다리 넷 / 다섯은 뭐니?-손가락 다섯 / 여섯은 뭐니?-파리 다
   리 여섯 / 일곱은 뭐니?-북두칠성 별 일곱 / 여덟은 뭐니?-문어 다리 여덟 / 아홉
   은 뭐니?-구미호 꼬리 아홉 / 열은 뭐니?-오징어 다리 열."

2. 이번에는 아빠를 자세히 보면서 하나부터 열까지 묻고 답해보자.

   "아빠를 잘 살펴보자. 그러고 나서 숫자에 맞게 대답하는 거야."

   예 하나는 뭐니?-우뚝한 코가 하나 / 둘은 뭐니?-두툼한 귀가 둘 / 셋은 뭐니?-얼굴에
   점이 셋…

3. 모양을 생각하며 질문을 바꿔볼까?

   "이번에는 숫자 대신 모양으로 질문을 바꿔보자."

   예 동그라미는 뭐니?-튀김을 하는 프라이팬 / 세모는 뭐니?-옷을 거는 옷걸이 / 네모는
   뭐니?-반듯반듯 책상…

4. 다양하게 주제를 바꾸니 더 재밌네. 이번에는 색깔로 질문해보자.

   "이번에는 색깔로 질문을 만들어보자. 무지개색으로 시작하는 건 어때?"

   예 빨강은 뭐니?-편지를 넣는 우체통 / 주황은 뭐니?-새콤달콤 오렌지 / 노랑은 뭐니?-
   봄에 피는 민들레…

상대방의 입 모양을 보고 낱말을 알아맞히는 게임으로 예능 프로그램에서는 소리를 차단하기 위해서 헤드폰을 끼고 하기도 하지요.

1. 게임의 공정성과 흥미를 높이기 위해 스케치북 또는 연습장에 미리 낱말을 적어놓아요.
2. 제한 시간은 1분으로 정하고, 시계를 잘 보이는 곳에 놓거나 알람을 설정하세요.
3. 스케치북에 낱말을 적은 사람이 먼저 소리는 내지 않고 입 모양을 크게 해서 말해요.
4. 상대방의 입 모양을 보고 낱말을 맞혀요. 팀으로 하면 맞힌 개수를 합하여 승패를 가를 수도 있지요.

> **TIP** 고요 속의 외침은 예능 프로그램을 통해서 알려졌어요. 어쩌면 저렇게 못 맞힐 수 있을까 웃으면서 보는데, 사실은 '맥거크 효과McGurk Effect'라고 해서 인간의 감각은 시각과 청각이 상호 작용을 하기 때문에 방송에서처럼 시끄러운 음악이 들리는 헤드폰을 끼고 하면 훨씬 더 맞히기 어렵다고 해요. 굳이 놀이가 아니어도 정확한 입 모양을 자꾸 봐야 아이의 발음도 정확해지므로 일단 엄마가 바르게 말하는 입 모양을 보여주는 게 중요해요.

••• 친절한 제언

> * 주고받는 말놀이를 할 때 주제는 아이에게 선택할 기회를 많이 주세요. 그래야 더 적극적으로 참여하게 된답니다.

＊ 주고받는 말놀이를 하며 가장 재미있었던 부분을 글로 써서 읽어보도록 해주세요. 아직 한글을 잘 쓰지 못하는 아이는 말놀이의 재미를 느끼고 대화 형식으로 말을 주고받으며 표현하는 것으로 마무리해도 충분합니다.

＊ 『호랭이 꼬랭이 말놀이』(오호선, 길벗어린이, 2006)에는 말의 재미를 살린 옛날이야기 15편이 실려 있어요. 의성어와 의태어는 물론 말을 반복하며 즐기는 말놀이 형태로 리듬감 있게 쓰여 아이와 교대로 읽으면 흥이 나지요.

질문하고 대답하며 고개를 넘자
● 다섯 고개 놀이 ●

■■■ 엄마 세대에게는 스무고개로 더 유명하지만, 요즘은 교과서에 실린 덕분에 아이들에게는 다섯 고개 놀이가 더 익숙하지요. 스무고개는 20번까지 질문하는 동안 "예", "아니요"로만 대답할 수 있어요. 하지만 다섯 고개 놀이는 질문의 횟수가 5번으로 적은 대신, 답할 때 "예", "아니요" 뒤에 핵심적인 힌트를 함께 말해주지요. 눈으로 보지 않고, 머릿속 상상만으로 정답을 좁혀가는 다섯 고개 놀이는 말로 하는 퍼즐이기에 상대방의 생각을 읽어야 해요. 그래서 주제에 따른 상상력은 물론 의사소통 능력, 문제해결력, 표현력까지 발달하지요.

1. 우리, 다섯 고개 놀이하자.

"질문하는 사람과 대답하는 사람을 먼저 정하자."

2. 대답하는 사람은 미리 정답을 마음속에 정하고 있어야 해.

"우리 ○○가 대답을 하겠다고? 그럼 먼저 '정답'을 정해야 해."

"정답을 뭐라고 정했을까? 너무 궁금하다."

3. 자, 이제 다섯 고개를 넘어가볼까?

"엄마가 먼저 5번 질문을 할게. 잘 대답해주세요."

예 한 고개. 동물입니까?-아니요, 식물입니다.

두 고개. 먹을 수 있나요?-아니요, 먹을 수 없습니다.

세 고개. 노란색인가요?-아니요, 여러 가지 색깔입니다.

네 고개. 이름이 4글자인가요?-아니요, 2글자입니다.

다섯 고개. 줄기에 가시가 있나요?-예, 있습니다.

정답은 '장미'입니다.-예, 맞습니다!

4. 이번에는 역할을 바꿔서 우리 ○○가 질문하는 거야.

"이번에는 엄마가 대답할 차례네. 정답을 뭘로 할지 고민된다."

예 한 고개. 식물입니까?-아니요, 동물입니다.

두 고개. 땅에 사나요?-아니요, 바다에 삽니다.

세 고개. 몸집이 큰가요?-예, 몸집이 큽니다.

네 고개. 알을 낳나요?-아니요, 새끼를 낳습니다.

다섯 고개. 물 위에서 숨을 쉬나요?–예, 물 위에서 숨을 쉽니다.

정답은 '고래'입니다.–예, 맞습니다!

오감 다섯 고개 놀이

다섯 고개 놀이와 방법은 같은데, 사람의 감각인 오감五感, 즉 시각, 청각, 후각, 미각, 촉각에 관련된 질문만 할 수 있어요.

1. 다섯 고개 놀이와 마찬가지로 질문하는 사람, 대답하는 사람을 정해요.
2. '오감'이라는 말이 어려우므로 엄마가 먼저 해당 감각을 손으로 짚으며 물어 봅니다. 시각 고개와 관련된 질문을 할 때는 눈을 손으로 가리키며, 청각은 귀, 후각은 코, 미각은 입이나 혀, 촉각은 손을 꼼지락하며 질문을 하면 훨씬 이해가 쉽지요.

   예 시각 고개. 빨간색인가요?–아니요, 검은색입니다.

   청각 고개. '부릉부릉' 소리가 나나요?–아니요, 소리가 나지 않습니다.

   후각 고개. 달콤한 냄새인가요?–예, 달콤한 냄새가 납니다.

   미각 고개. 단맛이 나나요?–아니요, 달기도 하지만 짠맛도 납니다.

   촉각 고개. 딱딱한가요?–아니요, 부드럽습니다.

   정답은 '짜장면'입니다.–예, 맞습니다!

TIP 오감 다섯 고개 놀이를 하려면 먼저 5가지 감각에 대해 알아야 해요. 오감에 대한 표현은 물론 각 감각에 어울리는 의성어와 의태어도 다양하게 이야기해보세요.

- 시각: 보다―눈부시다, 뿌옇다, 영롱하다, 침침하다 등 / 또랑또랑

- 청각: 듣다―시끄럽다, 와글와글하다, 조용하다 등 / 쩌렁쩌렁

- 후각: 냄새 맡다―구리다, 매캐하다, 향기롭다 등 / 벌름벌름

- 미각: 맛보다―달콤하다, 매콤하다, 싱겁다, 짭짤하다 등 / 냠냠 쩝쩝

- 촉각: 만져보다―끈적거리다, 딱딱하다, 부드럽다 등 / 꼼지락꼼지락

●●● 친절한 제언

＊ 처음에는 아이의 수준보다 쉽게 시작하는 것이 좋아요. 아이에게 친숙하거나 주변에서
흔히 볼 수 있는 것으로 먼저 다섯 고개 놀이의 주제를 정하고, 익숙해지면 단계를 올려
주세요. 아이가 최근에 읽은 책에서 나오는 낱말이나 관심 있는 것을 주제로 정해서 놀
이를 진행한다면 아이의 호기심을 자극하고 기억을 상기시키는 효과가 있지요.

＊ 다섯 고개 놀이가 익숙해지면 스무고개로 이어가보세요. 다섯 고개 놀이는 대답할 때
"예", "아니요"와 함께 약간의 힌트를 주지만, 스무고개는 20번을 질문하는 대신에 대답
하는 사람이 힌트 없이 "예", "아니요"로만 대답한다는 차이점이 있어요.

말허리를 이어보자
● 말허리 잇기 ●

■■■ 끝말잇기, 첫 글자 잇기, 끝 글자 잇기 등 말 잇기 놀이는 여러 가지가 있지만, 그중에서 가장 고난도의 말 잇기는 바로 말허리 잇기예요. 아이들한테는 가운데 글자를 이어간다는 개념이 어려울 수 있거든요. 여전히 끝말잇기가 미숙하다면 일단은 음절 수와 상관없이 충분히 진행한 다음, 말허리 잇기에 도전해보세요. 일단 쉽고 재미있게 시작해야 오래갈 수 있으니까요. 신나게 말허리 잇기를 즐기다 보면 듣기 집중력은 물론 상황에 따른 어휘력도 쑥쑥 향상된답니다.

1. 우리, 말허리 잇기 놀이를 해보자.

   "우리 몸에서 가운데는 어디지? 그래, 허리가 우리 몸의 가운데라고 할 수 있어."

   "허리가 가운데인 것처럼 말허리 잇기는 낱말의 가운데 글자로 이어가는 말놀이야.

   낱말의 가운데 글자가 있어야 하니 당연히 3글자로 된 낱말만 말할 수 있지."

2. 먼저 3글자 낱말을 말해보자. 꽃 이름으로 해볼까?

   TIP 일단 3음절에 익숙해지기 위함이니 아이와 친숙한 낱말로 시작하세요.

   "3글자로 된 꽃 이름은 무엇이 있는지 말해보자."

   "개나리, 진달래, 무궁화, 수선화, 나팔꽃."

3. 3글자 꽃 이름인 '개나리'로 말허리 잇기를 해보자.

   "개나리의 허리 글자(가운데 글자)는 뭐지?"

   "개나리의 가운데 글자는 '나'니까 '개나리' 다음에는 '나'로 시작하는 3글자 낱말

   을 말하는 거야."

   예 개나리–나들이–들장미–장난감–난독증–독후감–후유증–유산균…

4. 다른 꽃 이름으로도 말허리를 이어보자.

   "진달래는 어때? 진달래의 허리 글자는 '달'이네."

   예 진달래–달맞이–맞춤법–춤사위–사마귀–마술사–술안주–안테나…

5. 이번에는 우리 ○○가 3글자 시작 낱말을 정해서 말허리 잇기를 해보자.

3글자 끝말잇기

3글자로 된 낱말만으로 끝말잇기를 하는데, 재미와 리듬감을 주기 위해 낱말 끝에 "쿵쿵따"를 붙이는 놀이예요.

1. 먼저 3글자 낱말로 끝말잇기를 해보세요.

   예 소방서−서커스−스웨터−터미널−널뛰기−기상청−청바지…

2. 낱말 끝에 "쿵쿵따"를 넣으면 리듬감이 생기지요.

   예 도서관(쿵쿵따)−관공서(쿵쿵따)−서울시(쿵쿵따)−시청자(쿵쿵따)−자동차(쿵쿵따)…

3. 이번에는 양팔을 위아래로 흔들며 "쿵쿵따리 쿵쿵따~"를 맨 앞에 넣어서 시작해보세요.

   예 쿵쿵따리 쿵쿵따~ 경찰서(쿵쿵따)−서울역(쿵쿵따)−역사가(쿵쿵따)−가로등(쿵쿵따)…

   TIP 끝말잇기가 익숙해지면 단계를 하나씩 올립니다. 아이들에게 더 흥미를 주기 위해 시작에 앞서 추임새를 넣고, 흔드는 몸동작과 함께하면 훨씬 즐겁게 진행할 수 있지요.

●●● **친절한 제언**

  * 3글자로 말 잇기를 하면 뜻이 어려운 낱말이 속속 등장해요. 말 잇기를 하는 중간에 설명하면 놀이가 끊기니, 한 바퀴를 돌고 나서 아이 수준에 맞도록 쉽게 설명해주세요. 이때 사전을 찾아보며 낱말 뜻을 공부한다면 금상첨화겠지요.

  * 말로만 즐겨도 충분하지만, 아이가 현재 한글 쓰기에 재미를 느끼고 있다면 엄마와 종이를 주거니 받거니 글로 쓰는 기회를 주세요. 물론 맞춤법이 틀려도 의미가 맞는다면 지적하지 않아야 합니다.

별은 별인데, 냄새나는 별은
● 수수께끼 ●

■■■ "아침엔 네 발로 걷고, 낮에는 두 발로 걸으며, 저녁에는 세 발로 걷는 것은?" 사람의 인생을 시간으로 표현한 수수께끼의 전설이지요. 수수께끼를 풀려면 다양한 각도로 생각해봐야 답이 떠오르기 때문에 우리 뇌가 말랑말랑 유연해지는 것은 물론 은근히 모르는 낱말이 등장해 어휘력을 키우는 데도 큰 도움이 된답니다. 또 상징적 사고 능력과 판단력도 향상시켜주지요.

• •

1. 우리, 수수께끼를 풀어보자.

> **TIP** 수수께끼는 어떤 사물을 바로 말하지 않고 빗대어 말했을 때 알아맞히는 놀이예요.

2. 우리 ○○가 사용하는 학용품에 대한 수수께끼야.

   ① 일을 하면 할수록 키가 작아지는 것은?

   ② 틀리면 몸을 비벼대는 것은?

   ③ 종이 여러 장을 단짝 친구로 만들어주는 것은?

3. 동물에 대한 수수께끼를 풀어볼까?

   ④ 발이 2개 달린 소는?

   ⑤ 세상에서 제일 빠른 새는?

   ⑥ 닭은 닭인데 먹지 못하는 닭은?

4. 엉뚱한 말장난 같은 수수께끼도 재미있어.

   ⑦ 밥을 먹고 꼭 만나는 거지는?

   ⑧ 힘을 낼 때 부르는 차는?

   ⑨ 이상한 사람들이 모이는 곳은?

5. 똥과 오줌에 대한 수수께끼도 있단다.

   ⑩ 별은 별인데 냄새나는 별은?

   ⑪ 컵만 놓아두면 오줌 싸는 것은?

   ⑫ 달이 방귀를 뀌면 뭐가 되지?

6. 이제 우리가 직접 수수께끼를 만들어보자.

"수수께끼 문제를 만들려면 먼저 사물의 이름이나 특징을 생각해야 해."

"사물의 이름으로 만들어보자. '말은 말인데 타지 못하는 말은? 양말!' 같은 거야.
어때?"

"사물의 특징으로도 만들어보자. '닦으면 닦을수록 더러워지는 것은? 걸레!' 재미
있지?"

가족 호칭 퀴즈

가족의 호칭을 재미있게 익히는 퀴즈예요.

1. 가족의 호칭을 알 수 있는 여러 가지 퀴즈를 맞혀보세요.

예 아버지의 아버지는 누구일까요?

어머니의 남동생은 누구일까요?

어머니 남편의 어머니는 누구일까요?

할아버지의 딸이자 아버지의 동생은 누구일까요?

외할머니의 딸이자 어머니의 여동생은 누구일까요?

TIP 아이들은 가족의 호칭을 헷갈려해 정확히 모르는 경우가 많아요. 퀴즈를 통해서 즐겁게 배워
보세요.

TIP 정답은 순서대로 '할아버지 / 외삼촌 / 할머니 / 고모 / 이모'예요.

* 수수께끼는 말장난처럼 보이지만 고차원의 언어유희예요. 아직 어린아이들은 수수께끼의 정답을 말해줘도 이해하지 못해요. 그럴 때는 가장 먼저 사물의 특징과 관련된 문제를 내보세요. 예를 들어 "우리 집에서 가장 추운 곳은?(냉장고)"과 같이요. 처음에는 아이가 충분히 이해 가능한 수수께끼를 맞혀보는 게 먼저예요. 답을 보고 수수께끼를 이해할 정도가 되면 이제는 아이가 직접 수수께끼를 낼 수도 있지요. 시작은 어설프겠지만 자꾸 해보면 제법 그럴싸한 문제가 나올 거예요.

* 수수께끼는 상식을 초월하기 때문에 사물의 특징을 연상해야 하는 것은 물론 우리가 일상생활에서 자주 사용하는 외래어나 숫자 등을 잘 조합해야만 맞힐 수 있어요.

* 가족이 모여 식사를 할 때 가끔은 수수께끼를 내고 맞히는 시간을 가져보세요. 수수께끼는 위트 있는 난센스 퀴즈가 많기에 분위기도 즐거워지는데다 머리도 제법 써야 하거든요. 몸과 두뇌가 동시에 건강해지는 식사 시간을 만들어보세요.

[수수께끼 정답]
① 연필 ② 지우개 ③ 풀 ④ 이발소 ⑤ 눈 깜짝할 새 ⑥ 후다닥 ⑦ 설거지 ⑧ 으라차차 ⑨ 치과 ⑩ 별똥별 ⑪ 주전자 ⑫ 문방구

바늘 도둑이 ○○○ 된다
● 속담 놀이 ●

■■■ '개똥도 약에 쓰려면 없다', '똥 묻은 개가 겨 묻은 개 나무란다', '호강에 겨워 요강에 똥 싸는 소리 한다', '방귀 뀐 놈이 성낸다', '언 발에 오줌 누기'… 아니, 이 지저분한 말은 다 뭘까요? 똥, 방귀, 오줌에 관한 속담이에요. 아이들이 똥, 오줌, 방귀, 코딱지가 들어가는 말을 진짜 재미있어하잖아요. 아이들의 욕구를 충분히 충족시켜주는 이러한 속담들을 이야기하면서 뜻을 알게 되고, '겨', '호강', '요강' 등의 어휘도 자연스럽게 배울 수 있어요. 속담은 언어 순발력과 어휘력 향상은 물론 아이의 사고와 글을 더욱 더 풍성하게 해준답니다.

1. 우리, 여러 가지 방법으로 속담 놀이를 하자.

> **TIP** 속담은 예로부터 전해오는 조상의 생각과 삶의 지혜, 생활 모습이 담긴 쉽고 짧은 말이에요.

2. 같은 동물이 나오는 속담을 모아보자.

   "개와 고양이가 나오는 속담을 3가지씩 말해보자."

   > **예** 개: 개밥에 도토리, 하룻강아지 범 무서운 줄 모른다, 개같이 벌어서 정승같이 쓴다
   >
   > 고양이: 고양이 목에 방울 달기, 고양이 쥐 생각, 고양이가 생선 가게를 그냥 지나치랴

3. 속담 초성 퀴즈를 맞혀보자.

   > **TIP** 속담의 주요 낱말을 초성만 주고 전체 속담을 맞히는 놀이예요.

   "우리 ○○는 초성 퀴즈 박사라 속담으로 된 초성 퀴즈도 잘할 수 있겠지?"

   > **예** ㄱㄹ 싸움에 ㅅㅇ 등 터진다
   >
   > 누워서 ㄸ 먹기

4. 속담 숫자 퀴즈는 알쏭달쏭하지.

   > **TIP** 동물이 나오는 속담에서 다리가 모두 몇 개인지 맞히는 놀이예요.

   "꿩 다리가 몇 개지? 맞아, 2개지. 이번에는 속담에서 다리가 몇 개인지 맞혀봐!"

   > **예** 꿩 대신 닭 → 2(꿩)+2(닭)=4개
   >
   > 호랑이 없는 곳에서 여우가 왕 노릇 한다 → 4(호랑이)+4(여우)=8개

5. 속담 반반 퀴즈를 해볼까?

   > **TIP** 속담을 반으로 나눠서 앞이나 뒤만 가르쳐주고 완성해서 말하는 놀이예요.

"엄마가 속담의 반만 말할게. 우리 ○○가 나머지 반을 말해서 완성하는 거야."

예 가는 말이 고와야 / 오는 말이 곱다

윗물이 맑아야 / 아랫물이 맑다

속담 변형 놀이

속담을 현재 우리가 사용하는 말로 바꿔보는 놀이예요.

1. 옛날 사람들의 지혜가 담긴 속담을 지금 우리가 쓰는 말로 바꿔보세요.

예 식은 죽 먹기 → 정답 보고 문제 풀기

같은 값이면 다홍치마 → 같은 값이면 1+1

소 잃고 외양간 고친다 → 도둑맞고 비밀번호 바꾼다

낙타가 바늘구멍 들어가기 → 공부 안 하고 100점 맞기

TIP 속담 변형 놀이를 하려면 일단 속담의 뜻을 정확하게 이해하고 있어야 해요. 머릿속에서 상황을 전개하며 배경지식을 끌어모아 새롭게 표현해내야 하니까요. 놀이로써 어휘력은 물론 사고력까지 확장시켜주는 것이 핵심이랍니다.

••• 친절한 제언

* 속담은 학습으로만 접근한다면 재미가 없고 그냥 이해가 잘 안 되는 문장일 뿐이에요. 그렇기 때문에 일상생활 속에서 혹은 책을 읽는 과정을 통해서 상황에 맞게 자연스럽게 배우고 익혀야 오래 기억된답니다.

낱말로 퍼즐 놀이하자
● 십자말풀이 ●

■■■ 십자말풀이는 가로세로 낱말 퍼즐이라고도 하는데, 바둑판 같은 바탕의 가로와 세로 칸을 문제에 대한 답을 써서 채우는 놀이예요. 첫 번째 문제부터 정확히 맞혀야만 그 다음 문제의 답에 대한 힌트로 연결할 수 있기에 요리조리 신경을 많이 써야 해요. 여러 가지 낱말 퍼즐을 풀다 보면 자연스럽게 낱말의 뜻을 습득할 수 있는 것은 물론, 어휘력, 독해력, 집중력을 키워주고, 문제해결력과 추리력이 향상되지요. 모든 칸을 완성했을 때의 뿌듯함이 가장 큰 매력이에요.

 **즐거운 놀이 과정** ·······························

1. 우리, 십자말풀이를 해보자.

TIP 아이의 수준에 따라 칸 수를 조정하는데, 6×6으로 시작해보세요.

"가로와 세로의 퀴즈를 잘 읽고 빈칸을 채워보자."

①	②			③	
				④	⑤
	⑥		⑦		
			⑧		

[가로 퀴즈]

① 빨강, 노랑, 초록 신호로 차와 사람의 안전을 위해 설치한 기구

④ 국을 뜰 때 사용하는 긴 자루가 달린 기구

⑥ 평화를 상징하는 새

⑧ 푸른색의 질긴 바지

[세로 퀴즈]

② 호랑이 무늬를 닮은 나비

③ 나라를 사랑하는 마음으로 부르는 공식적인 노래

⑤ 어린아이를 재우기 위해 부르는 노래

⑦ 날씨를 관측, 조사하고 예보하는 기관

만다라 낱말 퍼즐

가로세로 3×3, 모두 9개의 칸 중 가운데를 비워놓은 퍼즐을 푸는 놀이예요.

1. 3글자 낱말이 서로 연결되도록 칸을 채워요.

예

소	시	지
나		우
무	지	개

2. 앞선 예시처럼 다음을 채워보세요.

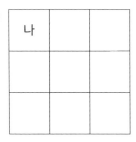

예

나		

TIP 만다라 낱말 퍼즐은 칸의 수가 적어서 간단해 보이지만, 막상 해보면 굉장히 어렵습니다. 반드시 3글자 낱말이어야 하고 퍼즐 조각처럼 낱말들이 모두 말이 되도록 맞춰야 하기 때문이지요. 그렇기

때문에 칸이 채워졌을 때의 성취감은 단연코 최고입니다.

TIP 2번의 예시 답안은 시계 방향으로 '나이테 / 테두리 / 못자리 / 나사못'이에요.

••• 친절한 제언

> * 십자말풀이는 학습과 놀이의 사이에서 아이들의 흥미를 끌기 충분하기에 학습 동기 유발과 논리적 사고 역량을 키우는 창의력 계발 프로그램에도 활용되고 있어요. 아이의 수준에 맞춰 칸의 수나 문제의 난이도를 조정하여 다양한 낱말 퍼즐을 접할 수 있게 해주세요.
>
> **[십자말풀이 정답]**
> • 가로 퀴즈: ① 신호등 ④ 국자 ⑥ 비둘기 ⑧ 청바지
> • 세로 퀴즈: ② 호랑나비 ③ 애국가 ⑤ 자장가 ⑦ 기상청

청기 들지 말고, 백기 내려
● 청기 백기 게임 ●

■■■ 언어 능력의 기본은 '듣기'입니다. 그중에서도 설명하거나 지시하는 말을 바르게 듣고 행동하는 능력은 아주 중요하지요. 청기 백기 게임은 상대방이 하는 말을 잘 듣고 행동해야 하기 때문에 청각 이해력은 물론 고도의 듣기 집중력, 순발력을 발달시킬 수 있습니다. 게다가 아이가 게임에서 성공하는 횟수가 늘어날수록 자신감도 향상되지요.

1. 우리, 청기 백기 게임하자.

   TIP 청기, 백기는 간단히 만들거나 색깔이 구분되는 주변 물건(색연필, 사인펜 등)을 활용하세요.

   "나무젓가락 2개와 파란색 색종이, 흰색 종이, 테이프로 청기, 백기를 만들어보자.

    나무젓가락에 각각 파란색 색종이와 흰색 종이를 테이프로 붙여 만들면 돼."

2. 자, 엄마가 먼저 명령하는 역할을 해볼게. 잘 듣고 행동하는 거야.

   TIP 색연필이나 사인펜으로 할 때는 "빨강 들어. 노랑 내려!" 이렇게 하면 돼요.

   "청기 내려. 백기 들어!"

3. 잘하는데? 과연 이번에도 잘할 수 있을까?

   TIP 처음에는 "올려. 내려"만 하다가 조금씩 "올리지 마. 내리지 마"를 섞으면 헷갈리지만 재미

   는 배가되지요.

   "청기 내리지 말고, 백기 내려!"

4. 이제 우리 ○○가 명령하면 엄마가 열심히 깃발을 움직여볼게.

   "우리 ○○의 말을 잘 듣고, 틀리지 말아야지!"

5. 도구 없이 손으로 해보면 어떨까? 재밌을 것 같은데?

   "이번에는 깃발 없이 오른손과 왼손을 들고 내리기로 해보자."

   "오른손은 3글자라서 빨리 말해야겠는걸."

6. 우리에게 이제 2개는 부족한 것 같아. 오른손, 왼손에 더해 오른발, 왼발도

이용해보자. 도전!

"오른손 내리지 말고, 왼발 들어!"

"왼손 들고, 오른손 내리고, 왼발 들고, 오른발 내려! 하하하!"

쌀보리 게임

두 사람이 마주 앉아 수비하는 사람은 두 손을 모아 가운데 공간을 만들고, 공격하는 사람은 수비하는 사람의 손안에 쌀이나 보리를 외치며 주먹을 넣었다 빼는 놀이예요.

1. 두 사람이 마주 앉아 공격과 수비를 정해요.
2. 수비하는 사람은 두 손을 엄지와 새끼손가락만 맞붙여 가운데에 공간을 만들어요. 여기에 상대방이 주먹을 넣을 때 "쌀"이라고 외치면 잡고, "보리"라고 외치면 잡지 않아요.
3. 공격하는 사람은 "쌀"이라고 외치며 수비하는 사람의 손안에 주먹을 넣을 때 아주 빠르게 움직여야 잡히지 않아요.
4. 공격하는 사람이 잡히면 공격과 수비를 바꿔요.

> **TIP** 쌀보리 게임을 하는 동안 공격하는 사람은 빠르게 주먹을 넣었다 빼야 하고, 수비하는 사람은 집중해서 듣고 있다가 잡아야 하기에 놀이하는 동안 듣기 능력은 물론 상황에 대한 이해 및 민첩성이 향상되지요.

> **TIP** '쌀'과 '보리' 대신에 '경찰'과 '도둑'으로 바꿔서 게임을 진행할 수도 있어요. 놀이가 끝나면

소감을 물어보세요. "공격과 수비 중 뭐가 더 재미있었어?", "게임할 때 제일 중요한 건 뭐라고 생각해?", "어떻게 하면 놀이를 더 신나게 바꿀 수 있을까?"와 같은 질문으로 충분히 자기 생각을 표현해보는 경험을 할 수 있도록 도와주세요.

●●● 친절한 제언

* 청기靑旗와 백기白旗를 다룰 때 색깔을 나타내는 한자어에 접근해보세요. 아이에게 색깔표현은 익숙하니 청기에서 청은 푸를 청靑이고, 백기에서 백은 흰 백白이라는 뜻이라고 설명해주세요.

* 청기 백기 게임은 준비한 물건 없이 몸으로만 해도 재미있지만, 아이가 새로운 물건을 제시하거나 게임을 변형하고 싶어 한다면 언제든지 그 방법으로 즐겨보세요. 어른의 지지를 받아 게임을 변형해본 경험이 많은 아이는 발상의 전환이 자유로워 뇌가 유연해지지요.

엎치락뒤치락, 정신없어라
● 낱말 기억 게임 ●

카드를 활용한 낱말 기억 게임은 하게 되면 일단 엄청 바빠요. 정해진 시간이 다가오면 흥분하기 시작해 눈과 손이 빛의 속도로 빨라지지요. 그 속도감과 몰입감을 즐겨보세요. 낱말 기억 게임에서 카드의 주제는 아이가 좋아하는 것으로 정하도록 해요. 만약 공룡에 빠져 있다면 공룡 이름을 각각 8장씩 쓰면 됩니다. 엄마가 주제를 정하는 차례가 되어도 아이에게 필요한 주제로 정하세요. 이처럼 놀이의 주도권만큼은 아이에게 줘야 합니다. 그래야 호기심과 흥미가 유지되거든요. 낱말 기억 게임은 어휘력은 물론 기억력, 과제 수행력, 집중력, 민첩성, 순발력을 키워줍니다.

1. 우리, 카드를 활용한 낱말 기억 게임을 해보자.

   TIP 스케치북이나 A4 종이를 준비해 반으로 오리고, 다시 겹쳐서 반으로 오린 후에 4장을 겹쳐서 한 번 더 오려 8장의 카드를 만들어요. 이렇게 2번 반복해 16장의 카드를 준비해요.

   "같은 글자가 쓰인 2세트의 카드(1세트당 8장, 총 16장)를 모두 엎어놓고, 게임하는 두 사람이 한 번씩 번갈아가며 2장의 카드를 동시에 뒤집는 거야. 2장이 같은 글자의 카드면 자기 쪽에 놓으면 돼. 카드가 짝을 찾아 모두 없어지면 각자 가지고 있는 카드를 세어서 많은 사람이 이기는 게임이란다."

2. 각자 가지고 있는 8장의 카드에 글자를 쓸 거야.

   "8장의 카드에 어떤 주제의 낱말을 써볼까? 우리 ○○는 커서 무슨 일을 하고 싶은지 직업에 대해 써보는 건 어때?"

   "어떤 직업이 있을까? 8장의 카드에 각각 써보자."

   예 가수, 과학자, 크리에이터, 교사, 군인, 농부, 디자이너, 요리사, 의사, 운동선수 등

3. 카드 뒤집기를 시작해볼까?

   "16장의 카드를 모두 뒤집어놓자. 가위바위보를 해서 이긴 사람이 먼저 2장의 카드를 동시에 뒤집는 거야."

   "2장의 카드에 같은 직업이 쓰여 있으면 그 사람이 갖는 거지. 그런데 2장에 다른 직업이 쓰여 있으면 그 카드는 다시 엎어놓아야 해."

4. 모두 짝을 찾아 남아 있는 카드가 없네. 누가 이겼을까?

   "이제 카드가 하나도 없네. 누가 더 많은 카드를 가져갔는지 세어보자."

"우리 ○○ 카드가 더 많네. 당신을 '기억력 대장'으로 임명합니다!"

카드 뒤집기 게임

양면이 다른 카드를 정해진 시간 동안 각자 유리하게 뒤집어 시간 종료 후에 자신이 선택한 카드 면이 많이 보이는 사람이 승리하는 게임이에요.

1. 양쪽 면이 다른 카드에서 각자 한 면씩 선택해요.
2. 양면 카드가 30장이 있다면 앞면이 보이도록 15장, 뒷면이 보이도록 15장을 펼쳐놓아요.
3. 30초 알람을 설정해놓고, 자신이 선택한 면이 보이도록 계속 뒤집어요.
4. 알람이 울리면 앞면과 뒷면이 보이는 수를 각각 세어 더 많이 보이는 쪽이 승리!

> **TIP** 카드 뒤집기 게임에서는 앞면과 뒷면이 확실히 구분되는 카드를 사용해야 해요. 양면을 색깔(앞면 빨강, 뒷면 파랑), 그림(앞면 장미, 뒷면 민들레), 글자(앞뒤에 각각 이름 또는 좋아하는 모양 등)로 정하세요. 또는 앞면에는 그림이 있고, 뒷면에는 그림이 없고의 차이를 둬도 됩니다.

••• 친절한 제언

> * 낱말 기억 게임은 주제를 바꿔서 자주 해보는 것이 좋아요. 그래서 글자 없는 카드를 코팅해 수성 펜으로 쓴 뒤, 주제를 바꿀 때는 아세톤으로 지운 후에 새로 쓰면 편리해요.
>
> * 카드를 뒤집을 때 몇몇 아이는 놀이에서 이기려고 상대를 막거나 카드를 숨기기도 해요. 그럴 때는 "정정당당하게 하자. 그런 행동을 하지 않아도 잘해낼 수 있어"라고 이야기해

주세요.

* 카드에 쓰인 낱말을 잘 기억하지 못하거나 뒤집는 행동이 서투른 아이라면 우선 카드의 장수를 줄였다가 조금씩 늘리는 것이 좋아요. 한글 쓰기가 익숙하지 않다면 엄마가 카드에 글씨 쓰는 모습을 보여주고, 따라서 쓰도록 해주세요. 엄마가 혼자 다 쓰거나 대신 써주기는 금지입니다. "힘들어도 카드가 완성되어야 우리가 재밌게 놀 수 있어"라고 용기를 주세요.

요렇게 조렇게 그렇게 그려라
● 지시대로 그리기 게임 ●

■■■ 상대방이 말하는 대로 그림을 그려볼까요? 분명히 지시에 따라서 그렸는데도 서로 생
각이 달라 결과물이 다를 수 있지요. 잘 듣고 그리거나, 상대방이 잘 그릴 수 있도록 설
명을 충실하게 하거나! 오늘의 미션입니다. 지시대로 그리기 게임은 지시할 때는 정확
한 그림이 되도록 잘 설명해야 하니 언어 구사력과 표현력이 향상되고, 상대방의 지시
에 따라 그릴 때는 듣기 집중력, 기억력, 표현력이 향상된답니다.

1. 우리, 지시대로 그리기 게임을 해보자.

   "이제부터 그림을 그릴 거야. 그런데 오늘은 상대방이 지시하는 대로만 그려야 해."

2. 지금부터 엄마가 말하는 대로만 그림을 그려야 해.

   TIP 지시어는 다양하게 사용하고 천천히 반복해서 말해주세요. 처음에는 간단하게, 익숙해지면 조금씩 상세한 그림이 될 수 있도록 해주세요.

   "이제부터 엄마가 말하는 대로 그려보는 거야. 잘할 수 있겠지? 동그라미를 크게 그려요. 동그라미 아래에 아주 작은 삼각형을 그려요. 작은 삼각형 아래에 길게 줄을 그려주세요. 완성입니다!"

   "엄마는 풍선을 설명한 거야. 우리 서로 그림을 비교해볼까?"

   예 오징어: 세모를 그려요. → 아래에 더 큰 세모를 그려요. → 큰 세모 아래에 10개의 선을 세모 길이 정도로 그려요.

   잠수함: 옆으로 긴 동그라미를 크게 그려요. → 긴 동그라미 안에 작은 동그라미를 차례로 3개 그려요. → 긴 동그라미 오른쪽 끝에 작은 세모를 이어서 그려요. → 긴 동그라미 위에 'ㄱ'자를 길게 써요.

3. 이번에는 우리 ○○가 지시하는 대로 엄마가 그려볼게.

   "최대한 자세하게 천천히 설명해줘."

4. 완성된 그림을 비교해보자.

   "그림이 생각보다 많이 다르네. 어떤 부분에서 우리의 생각이 달랐을까?"

   "서로 다른 그림이긴 하지만 잘 듣고서 생각하는 대로 그렸다면 틀려도 괜찮아."

물건의 100가지 활용법

한 가지 물건을 정해놓고, 원래 역할을 제외한 후 어떤 방법으로 활용할 수 있을지 상상해서 최대한 많은 방법을 교대로 이야기하는 놀이예요.

1. '그림책'을 보며 어떻게 활용할 수 있을지 교대로 이야기해요.

   예 냄비 받침으로 사용한다, 벌레를 잡을 때 쓴다, 비 올 때 머리를 가린다 등

2. '숟가락'을 보며 어떻게 활용할 수 있을지 교대로 이야기해요.

   예 못을 박을 때 망치로 사용한다, 화초를 심을 때 쓴다, 곡선을 그릴 때 대고 그린다 등

   TIP 한 가지 물건의 활용법을 다양하게 이야기하는 것은 아이들의 자유로운 상상력과 창의성을 끌어내 유창성을 키워주는 방법이에요. 최대한 많은 아이디어를 떠올릴 수 있도록 편안한 분위기를 만들어주세요. 비판은 절대 금지입니다.

••• 친절한 제언

* 놀이 과정에서 색깔에 대한 지시는 없었지만 아이가 원하는 색깔을 지시사항에 포함해도 좋아요.

* 동그라미, 세모, 네모라는 표현과 함께 다양한 용어에 익숙해지도록 원, 삼각형, 사각형이라는 용어도 함께 들려주세요.

* 주의 집중 시간이 짧고, 산만한 아이는 제대로 듣지 못하는 경우가 많아요. 아주 간단한 그림을 그리게 하거나 아이에게 설명하는 역할을 먼저 시켜보세요. 그리고 지시하는 대로 그림이 완성되지 않아도 되고, 서로 표현이 다를 수 있음을 반드시 이야기해주세요.

소소한 보물을 찾아라
● 보물찾기 ●

글자 읽기가 자동으로 되기까지는 우리 뇌가 열심히 연합해 움직여야 해서 아이들에게는 그리 즐거운 작업이 아니에요. 하지만 자신이 원하는 것을 얻기 위한 '목적 읽기'에는 흥미를 느끼지요. 아이의 현재 읽기 단계보다 조금 쉽고, 재미있게 구성해서 아이가 신나게 놀며 은연중에 학습하도록 만들어볼까요? 자신이 원하는 것을 얻을 수 있는 목적 읽기 활동의 가장 큰 장점은 아이가 적극적으로 참여한다는 데 있어요. 그 과정에서 문장을 이해해 핵심을 파악하는 능력은 물론 읽기 정확성, 독해력, 추리력, 어휘력이 발달하지요.

1. 우리, 집 안에서 보물찾기하자.

   TIP 보물로는 부피가 작은 간식인 초콜릿, 막대 사탕, 젤리 또는 아이가 좋아하는 스티커나 카드 등을 준비해주세요.

   "오늘은 엄마가 우리 ○○를 위해 미리 준비한 게 있지."

2. 보물은 어떻게 찾을 수 있을까?

   TIP 엄마가 미리 아이 칠판이나 메모판에 보물을 숨긴 곳에 대한 힌트를 적어놓아요.

   "엄마가 보물을 숨겼어. 어디에 꼭꼭 숨겨놓았을까?"

   "칠판(메모판)을 보면 바로 찾을 수 있지."

3. 자, 이제 칠판(메모판)을 잘 읽어볼까?

   TIP 보물찾기 힌트는 아이의 발달 단계를 고려해서 적어주세요. 안, 밖, 위, 아래 등 위치를 알려주는 낱말도 넣어주세요.

   "칠판(메모판)을 꼼꼼히 읽어보자!"

   예 첫 번째 보물은 네 방 책상 위, 연필꽂이 아래에 있다.

   　　두 번째 보물은 거실 소파 쿠션 중에 베이지색 쿠션 뒤쪽 구석에 있다.

   　　세 번째 보물은 싱크대 아래 오른쪽 두 번째 서랍에서 새 고무장갑 밑에 있다.

4. 빠르게 보물을 잘 찾는구나.

   "우아, 엄마 생각보다 훨씬 더 잘 찾는데?"

   "읽은 내용을 정확히 기억하고 민첩하게 움직이다니 최고야."

5. 우리 집 보물 지도를 그려보자.

"우리 집을 한눈에 볼 수 있게 그림으로 그려보자."

"오늘 보물을 찾았던 곳에 별 스티커를 붙여줄까?"

보물 책 찾기

책을 찾는 데 단서가 되는 문장을 보고 그 책을 찾아 책 속에 숨겨둔 쪽지를 읽는 놀이예요.

1. 책을 찾는 데 단서가 되는 문장을 칠판(메모판)에 적어요.

   예 책등은 노란색이다, 책 제목에 숫자가 들어 있다, 책의 주인공은 닭이다 등

2. 책 속에 곱게 접은 쪽지를 숨겨요. 쪽지에는 엄마가 아이를 격려하는 말이나 작은 보상을 써주세요.

   TIP 보물 책 찾기에서 보물 책은 꼭 읽게 하는 것이 목적이 아니므로 그림책 대신 어른이 읽는 책으로도 할 수 있어요. 그림책은 보통 쪽수가 없지만, 글밥이 많은 책은 쪽수가 표기되어 있어서 책을 찾는 단서에 쪽수를 추가할 수 있지요. 그러면 100이 넘어가는 숫자도 은연중에 접하게 된답니다.

●●● 친절한 제언

＊ 보물찾기나 보물 책 찾기는 준비 과정이 간단하고 아이들이 좋아하니 장소를 바꿔가면서 자주 해보세요.

＊ 아이가 칠판에 문제를 내고 엄마가 '보물 쪽지'를 찾도록 역할을 바꿔보세요. 여기서 보

물 쪽지란 아이가 원하는 것을 적은 종이를 말해요. 놀이터에 나가서 자전거 타기, 마트에 가서 아이스크림 사기와 같은 것들이에요. 아이에게 원하는 내용을 적은 쪽지를 숨긴 후 위치를 칠판에 적어보라고 합니다. 3단계의 과정을 거치기 때문에 아이에게는 쉽지 않은 일이지만, 자신이 원하는 것이 있으므로 열심히 숨기고 쓸 거예요. 아이가 노력했으니 약속은 꼭 지켜야 합니다. 아이가 아직 한글 읽기에 익숙하지 않다면 칠판(메모판)에 쓴 글을 천천히 함께 읽고, 보물을 찾는 것만으로도 충분하지요.

로꾸거, 로꾸거
● 거꾸로 똑바로 게임 ●

딸기

기딸!

■■■ 로꾸거, 로꾸거? 외계어도 아니고 이건 대체 무슨 말일까요? '로꾸거'를 반대로 말해
보세요. 네, 맞아요. '거꾸로'예요. 우리에게는 모두 청개구리 기질이 있어 가끔은 반대
로, 거꾸로 하고 싶잖아요. 음절 수가 적은 책 제목을 거꾸로 읽기부터 시작해서 흥미
를 끌어보세요. 간단한 낱말을 거꾸로 말해보며 거꾸로 똑바로 게임까지 연결하면 아
주 재미있지요. 듣기 능력은 물론 집중력, 순발력, 리듬감까지 덤으로 키워주니 큰 소
리로 즐겨보세요.

1. 우리, 거꾸로 똑바로 게임을 알아보자.

   "먼저 말하는 사람이 '로꾸거'를 외치고 낱말을 거꾸로 말하면, 나중에 말하는 사
   람은 '똑바로'를 외치고 낱말을 똑바로 말하는 게임이야. 음절 수에 맞춰 손뼉도
   쳐보자."

2. 본격적인 게임 전에 먼저 책 제목을 거꾸로 읽어볼까?

   TIP 처음에는 제목의 음절 수가 적은 그림책을 선택하세요.

   "여기 『강아지똥』이 있네. 제목을 거꾸로 읽어볼까?"

   "맞았어. 똥지아강!"

3. 이번에는 엄마가 거꾸로 말하는 낱말이 무엇인지 맞혀봐.

   TIP 낱말의 음절 수를 늘려가며 다양한 낱말을 거꾸로 말해보세요.

   "딸기를 거꾸로 말하면?" → "기딸!"

   "복숭아를 거꾸로 말하면?" → "아숭복!"

   "파인애플을 거꾸로 말하면?" → "플애인파!"

4. 한 단계를 올려 거꾸로 똑바로 게임을 해보자.

   TIP 거꾸로 말하기를 충분히 연습했다면 이제 게임으로 진행해주세요.

   "먼저 말하는 사람이 '로꾸거'를 2번 외치고, 자기가 정한 낱말을 손뼉 치며 거꾸로
   말하는 거야. 예를 들면 로꾸거, 로꾸거, 끼토!"

   "나중에 말하는 사람은 '똑바로'를 2번 외치고, 앞사람이 말한 낱말을 손뼉 치며
   똑바로 말하는 거지. 예를 들면 똑바로, 똑바로, 토끼!"

5. 이제 음절 수를 늘려서 해볼까? 틀리면 교대하는 거야.

> **TIP** 조금씩 음절 수를 늘려보세요. 토끼(2음절), 코알라(3음절), 오랑우탄(4음절) 식으로요.

"로꾸거, 로꾸거, 라알코!"

"똑바로, 똑바로, 코알라!"

거꾸로 노래 부르기

짧은 동요를 한 소절씩 거꾸로 불러보세요.

1. '산토끼'가 거꾸로 부르는 동요로 가장 유명해요.

> **예** 끼토산 야끼토 를디어 냐느가 / 총깡총깡 서어뛰 를디어 냐느가

2. '비행기'도 짧아서 거꾸로 부르기에 적합해요.

> **예** 다떴다떴 기행비 라아날 라아날 / 이높이높 라아날 기행비리우

> **TIP** 거꾸로 노래 부르기는 외국어나 외계어를 말하는 것처럼 재미나지요. 한글을 읽으면 되기에 처음에는 가사를 보면서 한 소절씩 부르면 어렵지 않아요.

> **TIP** 거꾸로 노래 부르기, 미로 찾기, 틀린 그림 찾기, 빠진 그림 찾기 등은 순간적인 집중력을 키워주니 자주 하면 좋아요.

••• 친절한 제언

* 거꾸로 똑바로 게임을 할 때는 손으로 글자를 거꾸로 짚어가며 연습해봐도 좋아요. 그림책 제목, 짧은 문장은 물론 길거리 간판의 이름도 거꾸로 읽어보세요. 하지만 2음절을 충

분히 연습하고 난 후에 천천히 음절 수를 늘려야 해요. 일단 쉽게 접근해야 자신감을 가지게 되고, 그래야 자꾸 해보고 싶어지니까요.

* 거꾸로 똑바로 게임이나 거꾸로 노래 부르기는 뇌 체조의 한 방법이에요. 운동선수에게 기초 체력이 중요하듯이 거꾸로 말하기는 아이들의 작업 기억력(의미 있는 정보를 기억하고 즉시 과제를 하는 데 적용할 수 있는 능력)을 향상시켜 학업 성취도를 올려주지요.

답답하다, 답답해
● 스피드 낱말 퀴즈 ●

〈과일〉
사과, 바나나, 수박, 굴
포도, 토마토, 멜론, 배
딸기, 블루베리

■■■ 낱말을 적어놓은 스케치북을 넘기는 사람이 있고, 한쪽에서는 열심히 설명하고, 다른 한쪽에서는 문제를 맞히는 스피드 낱말 퀴즈를 본 적이 있을 거예요. 지금 아이와 즐겁게 해보면 어떨까요? 아이와 엄마 단둘이서 게임을 해야 하니 스케치북을 넘겨줄 사람은 없지요. 하지만 낱말을 한 장의 종이에 써서 붙여놓거나 세워놓으면 간단히 해결됩니다. 그 수고로움만 감수하면 오히려 각자 설명할 부분을 종이에 쓰게 되어, 내가 잘할 수 있는 것과 그렇지 않은 것을 구별하는 메타인지를 경험하게 되지요. 게다가 추리력, 집중력, 연상 능력, 언어 표현 능력도 덤으로 얻을 수 있답니다.

1. 우리, 스피드 낱말 퀴즈를 하자.

   "한 사람은 문제를 내고, 다른 사람은 맞히는 놀이를 해보자."

   "시간을 정해놓고 하는 거야. 그러니까 빨리 설명하고, 빨리 맞혀야겠지?"

2. 우선 과일을 주제로 설명하고 맞혀보자.

   "과일 10가지를 종이에 적었어. 지금부터 엄마가 어떤 과일인지 설명할게. 잘 맞혀봐."

   "잘 모르겠으면 '통과!'라고 외쳐. 그러면 다음으로 넘어갈 거야."

   > **예** 사과(백설공주가 독이 든 이것을 먹었다), 바나나(원숭이가 좋아하는데 길쭉한 노란색이다), 수박(여름에 주로 먹으며 축구공만 하고, 안에 까만 씨가 있다) 등

3. 이번에는 시간을 정하고 해볼까?

   > **TIP** 아이와 상의해서 30초 또는 1분으로 알람을 맞춰놓고 게임을 진행하면 집중도가 올라가지요.

   "이번에는 시간을 정해놓고 해보자. 30초로 할까? 아니면 1분?"

   "통과를 많이 외치면 써놓은 낱말이 모자랄 수도 있으니 충분히 적어놓자."

4. 각자 자신 있는 주제를 스케치북에 써놓고 설명하기로 하자.

   "우리 ○○가 잘 설명할 수 있는 낱말을 엄마한테 보이지 않게 적는 거야."

   "엄마는 '직업'에 대해서 잘 설명할 수 있을 것 같아. 직업의 종류를 적어놓고 설명할게."

   > **예** 과학자(우주에 관한 연구를 한다), 프로 게이머(게임을 전문적으로 하고 대회에 나간다), 경찰(국민의 생명과 재산을 보호한다), 의사(몸이 아픈 사람을 치료한다) 등

5. 우아, 정말 잘하는데?

"가족이 많이 모였을 때 다시 해보자. 훨씬 더 재미있겠지?"

"친구들과 함께하면 뒤에서 스케치북 넘겨줄 사람도 정하자. 정말 기대돼!"

몸으로 말해요

한 사람이 어떤 낱말을 행동으로 표현하면 다른 사람이 맞히는 놀이예요.

1. 여럿이 하면 가장 좋겠지만, 두 사람이 한다면 종이에 미리 낱말을 쓴 다음에 맞히는 사람이 보지 못하도록 뒤편에 붙이거나 세워놓아요.
2. 제한 시간은 1분으로 정하고 시계를 잘 보이는 곳에 놓거나 알람을 설정하세요.
3. 종이에 낱말을 쓴 사람이 말은 절대 하지 않고 행동으로만 설명해요.
4. 상대방의 몸짓만 보고 어떤 낱말인지 맞혀요.
5. 설명이 어렵거나 다음으로 넘어가고 싶을 때는 "통과!"를 외쳐요.

> **TIP** 처음에는 행동으로 표현하기에 수월한 '동물'이나 '올림픽 경기 종목' 등을 주제로 정하는 것이 가장 좋아요. 조금 익숙해지고 나서 주제를 정하지 않고 무작위로 낱말을 쓰면 한 단계 발전하는 효과가 있지요.

●●● **친절한 제언**

> * 스피드 낱말 퀴즈를 할 때 처음에는 주제를 정해놓아야 쉽게 진행할 수 있어요. 그렇지 않으면 주제가 너무 방대해서 맞히기가 어렵거든요. 아이가 최근에 관심을 보이는 주제

로 정하면 흥미도가 올라가지요.

✻ 낱말은 아이가 직접 쓰는 것이 가장 좋고, 그렇게 쓴 것을 설명하게 하세요. 다양한 글쓰기를 경험함은 물론 자기가 설명할 수 있는 것이 무엇인지 생각해야 해서 메타인지를 높일 수 있지요. 이때 엄마의 구체적인 칭찬과 격려는 필수입니다.

✻ 카드를 넘기며 하는 놀이 중 '우뇌 자극 학습법'의 대표 격인 '플래시 카드'를 이용해도 좋아요. 플래시 카드는 규격이 일정하며 앞면에는 이미지, 뒷면에는 한글 낱말이 있는 카드예요. 아이에게는 이미지가 있는 쪽을 보여주면서 엄마가 바르게 읽어 넘기는 방식으로 반복하면 언어 뇌가 활성화되는 긍정적인 효과를 볼 수 있지요.

너 한 번, 나 한 번
● 번갈아 말하기 게임 ●

■■■ 오늘은 아이와 단둘이 마주 보고 앉아서 즐기는 게임을 해볼 거예요. 먼저 거울 놀이로 시작해보세요. "엄마는 지금부터 우리 ○○의 거울입니다"라고 이야기한 후 아이와 똑같이 행동하는 거예요. 아이가 고개를 옆으로 돌리면 엄마도 거울처럼 똑같이 돌리고, 아이가 혓바닥을 내밀면 혓바닥을, 윙크하면 또 똑같이 윙크해주세요. 번갈아 말하기 게임은 서로 마주 앉아서 얼굴을 보고 하기 때문에 아이의 발음 교정은 물론음운 인식에도 도움을 주지요. 처음에는 천천히 또박또박 말하다가 점점 속도를 높여보세요.

1. 우리, 너 한 번, 나 한 번 번갈아 말하기 게임을 해보자.

   "엄마랑 마주 보고 앉아서 한 글자씩 번갈아 말하는 거야. 잘할 수 있지?"

2. 번갈아 말하려면 3글자 이상이어야 하는 규칙이 있어.

   "둘이 하면 2글자 낱말은 계속 똑같은 음절만 말하게 된단다."

   "3글자 낱말이 진짜 많은데 그중에서 꽃 이름으로 해보자. 나팔꽃, 데이지, 무궁화, 백일홍, 수선화, 진달래, 찔레꽃, 채송화."

3. 이제 3글자 꽃 이름을 번갈아 말해보자.

   "이제부터 엄마 한 글자, 우리 ○○ 한 글자 번갈아 말하는 거야. 나팔꽃으로 먼저 해보자."

   예 나(엄마)-팔(○○)-꽃(엄마)-나(○○)-팔(엄마)-꽃(○○)…

4. 이번에는 3글자 낱말 중에서 같은 글자가 2번 들어가는 낱말로 해보자.

   "3글자 낱말 중에서 같은 글자가 2번 들어가는 낱말은 뭐가 있을까?"

   "기러기, 바나나, 아시아, 옥수수, 스위스가 있네. 기러기로 먼저 해보자."

   예 기(○○)-러(엄마)-기(○○)-기(엄마)-러(○○)-기(엄마)…

5. 와, 3글자 낱말은 너무 잘하는걸. 슬슬 5글자로 올려볼까?

   "4글자 낱말은 왜 안 하냐고? 4글자도 2글자처럼 같은 사람이 똑같은 글자만 말하게 되거든."

   "5글자 낱말로 단계를 올려보자. 어떤 낱말로 해볼까?"

예 오(엄마)-므(○○)-라(엄마)-이(○○)-스(엄마), 옥(○○)-수(엄마)-수(○○)-수(엄마)-프(○○), 크(엄마)-리(○○)-스(엄마)-마(○○)-스(엄마), 토(○○)-마(엄마)-토(○○)-주(엄마)-스(○○)…

절대 음감 놀이

낱말의 음절 순서대로 높고 길게 발음하는 언어 놀이예요.

1. 2글자 낱말로 시작해보세요. '인형'이라는 낱말로 한다면 첫음절인 '인'을 높고 길게 말한 후, 그다음에 '형'을 높고 길게 말해요.
   예 인↑~형-인형↑~

2. 이번에는 3글자 낱말로 해보세요.
   예 고↑~양이-고양↑~이-고양이↑~

3. 보통 우리가 제일 많이 하는 4글자에도 도전해보세요.
   예 모↑~나리자-모나↑~리자-모나리↑~자-모나리자↑~

TIP 난이도 최상의 절대 음감 놀이로 진행할 경우 보통 5글자로 해요. 이를테면 김삿갓삿갓, 트리트먼트 등이 있지요.

●●● **친절한 제언**

> * 아이에게 말하는 입 모양을 보여주는 것은 굉장히 중요합니다. 말은 모방에서 시작되기 때문이지요. 그래서 아이와 말할 때는 얼버무리거나 웅얼거리지 말고 정확한 발음과 발성으로 해야 해요. 같은 음절이 앞뒤로 들어가는 기러기, 토마토 등에서는 많이 헷갈려

하거든요.

＊ 음절이 반복되지 않는 낱말인데도 자꾸 틀린다면 엄마가 낱말을 써서 한 글자씩 읽어보
도록 해주세요. 한글 읽기가 능숙하지 않아도 엄마와 함께 글자를 짚어가면서 번갈아 말
하면 도움이 되지요.

＊ 번갈아 말하기 게임에서는 3글자나 5글자처럼 낱자의 개수가 홀수여야만 하지요. 아이
에게 2글자나 4글자는 짝이 있는 글자라서 게임을 할 수 없다고 말하면서 은연중에 짝
수와 홀수의 개념을 이야기해주세요. 둘이 짝을 이룰 수 있으면 짝수, 짝을 이룰 수 없으
면 홀수라고 아이의 눈높이에 맞춰 설명해주면 된답니다.

손가락을 접어라
● 손가락 접기 게임 ●

■■■■ 아이가 태어나면 제일 먼저 하는 놀이로 도리도리, 곤지곤지, 죔죔 등이 있지요. 엄마의 다정한 말소리를 듣고 아이가 몸을 움직이는데, 이때 손을 사용하는 놀이가 참 많아요. 이처럼 손을 놀리는 놀이는 아이의 두뇌 발달에 큰 영향을 끼칩니다. 그래서 손으로 하는 게임을 할 때도 이왕이면 양손을 모두 사용하면 좋겠어요. 이번에는 조건에 맞게 손가락을 접는 게임과 손의 감촉으로 물건을 맞히는 놀이를 하며 아이의 좌뇌와 우뇌를 동시에 자극해볼까요?

1. 우리, 손가락 접기 게임을 해보자.

   TIP 조건에 해당하는 사람이 손가락을 하나씩 접어서 먼저 모두 접은 사람이 지는 게임이에요.

   "각자 한 손(다섯 손가락)을 펴고, 교대로 조건을 말하는 거야."

2. 이긴 사람이 먼저 손가락 접을 조건을 말하는 거야.

   "만약에 엄마가 이기려면 어떻게 해야 할까? 엄마는 해당이 안 되고, 우리 ○○만

   해당이 되는 조건을 말하면 되겠지?"

   예 앞니 빠진 사람 접어, 나이가 10살 아래인 사람 접어 등

3. 우리 ○○가 이기려면 어떤 조건을 말해야 유리할까?

   "우리 ○○가 이기려면 엄마만 해당이 되는 조건을 말하면 되겠지?"

   예 나보다 키 큰 사람 접어, 안경 쓴 사람 접어 등

4. 묵찌빠로 순서를 정하고, 교대로 질문을 해보자.

   "와, 엄마가 이겼네! 어떤 질문으로 우리 ○○의 손가락을 접게 해볼까? 생각났

   다! 운동화에 찍찍이 붙어 있는 사람 접어."

   "이제 우리 ○○ 차례, 어떤 질문으로 엄마 손가락을 접게 할지 궁금한데?"

5. 여러 사람이 모였을 때 또 해보자. 나와 상대방 모두를 비교해야 하니까 많

   이 생각해야겠지만 더 재미있을 것 같아.

촉감 주머니 놀이

주머니 속에 있는 물건을 눈으로 보지 않고 손으로만 느껴 상대방에게 말로 설명해서 맞히게 하는 놀이예요.

1. 속이 비치지 않는 주머니와 주머니에 넣을 뾰족하지 않은 작은 물건을 3개 정도 준비해요.
2. 설명할 사람이 주머니 속에 물건을 3개 집어넣어요.
3. 물건 3개 중 1개를 선택해서 설명해요.
   - 1단계: 손으로 만졌을 때 대략적인 느낌만 이야기해요.
   - 2단계: 조금 더 자세히 형태를 설명해요.
   - 3단계: 2단계까지도 맞히지 못하면 물건의 쓰임새를 말해요.

   예 풀 → 1단계: 딱딱하고, 길면서 동그랗기도 해요.

   　　　　 2단계: 잡아당기거나 돌리면 뚜껑이 열려요.

   　　　　 3단계: 종이를 붙일 때 사용해요.
4. 물건 3개를 모두 맞힌다면 역할을 교대하거나 다른 물건으로 바꿔서 다시 놀이해요.

> **TIP** 손에 집중하면서 미세한 감각을 느끼고, 그 느낌을 설명하다 보면 감각에 예민해지고, 그 감각에 해당하는 다양한 어휘를 사용하게 되지요. 이렇게 직접 나의 감각과 경험으로 배운 어휘는 쉽게 잊어버리지 않아요.

* 손가락 접기 게임은 여러 명이 해야 두뇌 싸움이 되고 더 흥미진진하지요. 처음에는 한 손으로만 하다가 적응이 되면 두 손 모두 펴고 손가락 10개로 진행하세요. 나는 손가락을 접지 않고 다른 사람만 접게 해야 이길 수 있으므로 전략적으로 질문해야 합니다. 아직 어린아이들은 처음에 어떻게 질문해야 할지 몰라서 당황하지만, 몇 번 해보면 생각보다 잘하니 가족이 여러 명 모였거나 친구들이 있을 때 꼭 해보세요. 아이가 훌륭한 전략가로 거듭날 테니까요.

* 손가락 접기 게임은 주제를 사람으로 한정하지 않고, 책으로 해도 재미있어요. 서로 책한 권을 상대방이 모르게 정한 다음에 내가 선택한 책이 아닌 질문을 하며 손가락을 접어가는 거예요.

　예 주인공이 동물이면 접어, 책 제목이 5글자가 넘으면 접어, 작가가 우리나라 사람이면 접어 등

우렁차게 외쳐라, 빙고!
● 빙고 게임 ●

■■■ 빙고 게임은 종이 한 장과 연필만 있으면 언제 어디서든 즐길 수 있어요. 아이의 수준에 따라 빙고 칸의 수만 적당히 조절하면 주제는 정말 무궁무진해요. 한 줄을 쭉 그으면서 "빙고!"라고 외칠 때는 쾌감이 느껴지지요. 반대로 상대가 빙고를 외치면 조바심도 들고요. 지금부터 아이와 빙고 게임에 빠져보세요. 즐겁게 진행한다면 오늘도 아이와의 어휘력 블록 쌓기가 하나 추가되지요. 엄마와의 질 높은 상호 작용이 많아질수록 문해력은 발달하니까요.

1. 우리, 빙고 게임을 하자.

   "먼저 주제를 정한 다음, 그 주제와 관련된 낱말을 쓰고, 하나씩 말하고 지워가면
   서 빙고를 외치는 게임을 해보자."

2. 우선 빙고 판을 만들어보자.

   TIP 아이의 수준에 따라 3×3, 4×4, 5×5 빙고 판을 만드는데, 처음에는 3줄 빙고부터 시작해요.

   "엄마랑 빙고 판을 그려볼까? 엄마가 그려줄 수도 있지만, 네가 직접 그리는 게 더
   좋을 것 같아. 빙고 판을 만들면서 선 긋기와 똑같이 나누기도 연습할 수 있거든."

3. 어떤 낱말을 적어볼까?

   TIP 아이가 좋아하는 주제로 정하도록 선택권을 주세요.

   "각자 좋아하는 음식을 써보는 건 어때?"

   "3줄 빙고니까 칸이 모두 9개지? 여기에 모두 좋아하는 음식을 써넣는 거야."

4. 빙고 판에 낱말을 다 채웠으면 이제 지워볼까?

   TIP 3줄 빙고의 경우 총 8줄(가로 3줄+세로 3줄+대각선 2줄)을 지울 수 있어요.

   "순서대로 말하면서 서로 말한 음식이 내 빙고 판에 있으면 ×자로 지우자."

   "가로, 세로, 대각선으로 한 줄을 다 지우면 '한 줄 빙고!'라고 외치는 거야. 그래서
   3줄 빙고를 외치면 이기는 것으로 하자. 어때?"

5. 어떤 전략을 사용하면 빙고를 빨리 외칠 수 있을까?

   "상대방이 썼을 것 같은 낱말과 나만 쓸 것 같은 낱말을 적당히 조절해야 하지."

아이 엠 그라운드

둘 이상의 사람이 모여 "아이 엠 그라운드 ○○ 이름 대기!"라고 말하며 주제에 따라 말을 이어가는 게임이에요. 박자를 놓치거나 말을 잇지 못하는 사람이 지게 되지요. 이 게임도 주제는 무궁무진하니 아이의 수준에 따라 정하세요. 아이 엠 그라운드를 할 때 가장 자주 등장하는 주제는 자기소개와 나라 이름이에요. 여러 명이 함께할 때는 시계 반대 방향으로 돌아가면서 박자에 맞춰 말해요.

아이 엠 그라운드를 위한 박자 익히기

1박자: 양손으로 각각 양다리를 친다.

2박자: 손뼉을 한 번 친다.

3박자: 엄지를 펴면서 오른팔을 오른쪽으로 반쯤 올린다.

4박자: 엄지를 펴면서 왼팔을 왼쪽으로 반쯤 올린다.

> **TIP** '아이 엠 그라운드'의 뜻과 관련해서는 여러 가지 속설이 존재하지만, 그중 가장 그럴듯한 것은 'I am ground'예요. 이때 ground에는 땅 외에도 기초, 근본이라는 의미가 포함되어 '나부터 시작한다'라는 의미를 지니고 있다고 합니다.

••• 친절한 제언

* 빙고 게임은 아무래도 많은 낱말을 알고 있는 엄마가 유리합니다. 하지만 종종 아슬아슬하게 져주세요. 또 살짝 아쉬움을 남겨둔 채 아이가 그만하고 싶어 하기 전에 끝내는 게 좋아요. 지속적인 교육을 위해서 훨씬 더 효과적이니까요.

* 처음에 빙고 게임의 주제는 아이의 수준에 맞게 선택하고, 게임을 거듭하면서 추가하

고 확대해가는 게 좋아요. 아이가 게임에서 이겼을 때 "어떤 전략을 사용해서 이긴 것 같아?", "어떤 주제로 하면 또 상대방을 이길 수 있을까?"와 같은 질문을 던져 아이의 생각을 보다 확장시켜주세요.

* 게임에서 아이와 순서를 정할 때 다양한 방법으로 해보세요. 가장 쉽게는 가위바위보나 묵찌빠를 해서 승리하는 사람이 순서를 정하는 방법이 있고, 여럿이 할 때는 사다리 타기나 책상 위에 연필을 놓고 손으로 돌려서 가리키는 방향의 사람에게 선택권을 줘도 재미나지요.

지금부터 30초, 시작!
● 주제에 맞게 말하기 ●

■■■ 30초는 아주 짧은 시간이라 그냥 무심코 흘러가는 경우가 대부분이지만, 이 시간 동안 주제를 정해놓고 승부를 정하는 게임을 하면 집중도 최상의 짜임새 있는 시간이 되지요. 처음에는 현재 눈앞에 보이는 물건 말하기처럼 쉬운 것부터 시작해서 낱말의 글자 수에 제한을 두는 식으로 난이도를 올려봅니다. 주제를 좁히면 30초 동안 5개 낱말 말하기도 절대 쉽지 않지요. 주제에 맞게 말하거나 쓰는 활동은 해당 어휘를 풍성하게 하고, 시간을 제한한 게임 형태로 제공하면 순발력, 민첩성은 물론 집중력도 더불어 향상시킨답니다.

1. 우리, 30초 동안 주제에 맞게 말하기를 해보자.

   "어떤 낱말을 말할지 주제를 정해서 30초 동안 누가 많이 말했는지 겨루는 놀이야."

2. 먼저 눈앞에 보이는 것을 말해보자.

   TIP 시간을 잴 때는 스톱워치나 초침이 있는 시계를 사용하세요.

   "먼저 손가락 10개를 모두 펴서 낱말을 말할 때마다 하나씩 접는 거야. 그래서 누가 손가락을 더 많이 접는지 겨뤄보자!"

   "창밖에 보이는 걸 말하는 거야. 30초 동안 낱말 말하기, 시작!"

   예 창밖에 보이는 것: 개, 구름, 길고양이, 나무, 사람, 아파트, 집, 차, 학교, 해 등

3. 이번에는 글자 수를 정해서 말해보기로 하자.

   TIP 한 글자 낱말로 시작해서 4글자, 5글자까지 늘려보세요.

   "그럼 먼저 한 글자로 된 낱말 말하기, 시작!"

   예 한 글자 낱말: 강, 공, 눈, 땅, 똥, 말, 빵, 쌀, 새, 입, 자, 책, 코, 콩, 톱, 피, 학 등

4. 손가락을 더 많이 접은 사람의 부탁 하나를 들어주기로 하자. 어때?

   "이번에는 엄마가 손가락을 9개 접고, 우리 ○○는 7개를 접었네. 엄마, 승리!"

   "엄마가 이겼으니 어떤 부탁을 말해볼까? 생각났다. 엄마의 팔과 어깨를 꾹꾹 주물러줘."

음식 메뉴판 놀이

음식 메뉴판을 보고 기준에 따라 분류하는 놀이예요.

1. 김밥을 가지고 재료, 크기, 모양에 따라 분류해보세요.

    예 재료에 따른 분류: 소고기 김밥, 참치 김밥 등

    크기에 따른 분류: 꼬마 김밥, 왕 김밥 등

    모양에 따른 분류: 삼각 김밥, 동그란 김밥 등

2. 만두를 가지고 재료, 크기, 만드는 방법에 따라 분류해보세요.

    예 재료에 따른 분류: 고기 만두, 김치 만두 등

    크기에 따른 분류: 왕만두, 한입 만두 등

    만드는 방법에 따른 분류: 찐만두, 군만두 등

3. 튀김은 재료와 모양, 떡볶이는 모양과 맛으로 분류해보세요.

    TIP 식당에 가거나 배달 음식을 시켰을 때 음식을 기다리는 시간은 지루하지요. 그때 메뉴판을 보면서 기준에 따라 분류하기를 해보세요. 떡집이나 빵집에서도 얼마든지 분류는 가능하답니다. 재료, 모양, 색깔뿐만 아니라 떡의 경우는 먹는 시기(약식-정월대보름, 쑥절편-단오, 깨찰떡-칠석, 송편-추석 등)에 따라 분류할 수도 있어요.

●●● 친절한 제언

＊ 아직 시계를 보지 못해도 초침이 있는 시계를 활용하면 시계와 친숙해진다는 장점이 있어요. 30초는 초바늘이 12에서 시작해서 6이 되면 끝난다고 설명하면 30초에 대한 감각이 생길 뿐만 아니라 점차 시계의 움직임에 관심이 생겨 시계 보기를 쉽게 배울 수 있지요.

✽ 주제에 맞게 말하기에서 주제는 무궁무진하지요. 처음에는 아이가 좋아하는 것으로 시작하면 관심도를 높일 수 있어요. 예를 들면 공룡 이름 말하기, 포켓몬스터에 나오는 포켓몬의 이름 말하기, 동화에 나오는 공주 이름 말하기 등이 있지요.

✽ 아이와 주제를 교대로 정해 각자의 종이에 낱말을 쓴 다음에 30초 후 쓴 내용을 비교해보는 글쓰기 놀이로 변형해도 좋아요. 이때 맞춤법이 틀리더라도 의미만 맞는다면 지적하지 마세요. 맞춤법에 지적을 받으면 아이는 의기소침해져 당연히 하기 싫어지니까요.

도대체 이게 무슨 글자일까
● 초성 퀴즈 ●

ㅅㅇ? 도대체 이게 뭘까요? 상어, 새우, 생일, 서울, 석유, 수염, 수영, 수원… 바로 아이들이 최고로 좋아하는 초성 퀴즈입니다. 초성 퀴즈는 '자음 퀴즈'라고도 하는데, 초성만 보고 어떤 낱말인지 알아맞히는 거예요. 자음의 나열을 보면 알쏭달쏭하면서도 왠지 쉽게 맞힐 것 같아 도전 정신을 불러일으키지요. 초성 퀴즈를 즐기는 방법은 주제를 정해 초성을 알려준 뒤 맞히는 방법과 주제 상관없이 초성만 제공하고 정해진 시간 안에 맞히는 방법이 있어요. 초성 퀴즈는 머릿속에 저장된 낱말을 조건에 맞게 끄집어 내는 활동으로 사고력, 기억력, 집중력은 물론 어휘력까지 향상시킨답니다.

1. 우리, 초성 퀴즈를 하자.

   "초성은 어떤 글자에서 처음에 나오는 자음이야. 예를 들어 '성'에서는 'ㅅ'이 초성
   이지."

2. 여기 우리가 잘 알고 있는 동화 주인공들의 초성이 있네. 누구일까?

   예 ㅂㅅㄱㅈ, ㅅㄷㄹㄹ, ㅋㅈㅍㅈ, ㅍㄴㅋㅇ, ㅍㅌㅍ, ㅎㅂㄴㅂ 등(백설공주, 신데렐라, 콩쥐
   팥쥐, 피노키오, 피터팬, 흥부놀부 등)

3. 우리 집에 있는 물건들의 초성이 있어. 과연 무엇일까?

   예 ㄴㅈㄱ, ㅅㅌㄱ, ㅇㅈ, ㅊㅅ, ㅊㅅㄱ, ㅊㄷ, ㅌㄹㅂㅈ 등(냉장고, 세탁기, 의자, 책상, 청소기,
   침대, 텔레비전 등)

4. 이번에는 주제 없이 초성만 있네. 어떤 낱말을 만들 수 있는지 해볼까?

   TIP 초성은 2개부터 시작해서 점차 늘려가는 것이 좋아요.

   예 ㄱㅈ → 가지, 감자, 가족, 거지, 경주, 과자, 광주, 국자, 궁전, 귀족 등

5. 시간을 정해서 누가 더 많은 낱말을 말하는지 시합해보자!

   TIP 30초 또는 1분으로 알람을 맞춰놓고, 초성만 있는 낱말을 제공해요.

   예 ㅅㅈ → 사자, 사장, 상자, 사전, 서적, 서점, 성적, 세제, 숙제, 시장, 심장 등

국어사전 초성 퀴즈

국어사전을 활용해서 맞히는 초성 퀴즈예요.

1. 먼저 초성 퀴즈로 낼 낱말을 정해요.
2. 국어사전에서 낱말의 뜻과 쪽수를 확인해요.
   - 1단계 힌트: 낱말의 초성을 알려줘요.
   - 2단계 힌트: 국어사전 쪽수를 알려줘요.
   - 3단계 힌트: 낱말의 뜻을 이야기해요.

   예 1단계 힌트: ㅎㅁㅈㅇ

   2단계 힌트: 국어사전 324쪽

   3단계 힌트: 백성을 가르치는 바른 소리라는 뜻으로 1443년에 세종이 창제한 우리나
   라 글자를 이르는 말

   정답: 훈민정음

   TIP 국어사전 초성 퀴즈는 아이가 국어사전과 친숙해지는 계기를 마련해줄 뿐만 아니라 어려운
   낱말의 뜻도 자연스럽게 알게 되므로 한글을 읽는 아이라면 심심할 때마다 해보세요.

••• 친절한 제언

* 초성 퀴즈는 다양한 주제로 접근할 수 있어요. 만약 아이가 어려워하면 첫 글자만 알려
   주거나 수수께끼처럼 접근해보세요.

* 아이를 키우다 보면 아이가 속담의 재미에 빠지는 경우가 있어요. 그럴 때는 초성 퀴즈
   로 속담을 맞히는 놀이를 해보세요. 또 현재 아이가 읽고 있는 동화책이나 책 속의 낱말

로 초성 퀴즈를 해도 흥미 있어 하지요.

✱ 「내 마음 ㅅㅅㅎ」(김지영, 사계절, 2021)을 읽어보세요. 초성 'ㅅㅅㅎ'만으로 아이의 마음을 표현하지요. 책 앞쪽을 먼저 살펴서 'ㅅㅅㅎ'으로 어떤 감정이나 낱말을 만들 수 있는지 아이와 함께 이야기한 후에 책을 읽어도 좋아요. 그러고 나서 다른 감정 표현 낱말의 초성으로 넘어가보세요.

몇 개까지 붙여봤나요
● 말 덧붙이기 ●

■■■ "동물원에 가면 사자도 있고 → 동물원에 가면 사자도 있고, 호랑이도 있고 → 동물원에 가면 사자도 있고, 호랑이도 있고, 코끼리도 있고…" 생각 같아서는 10번 이상 계속 이어질 것 같지만, 직접 해보면 앞사람의 말이 잘 기억나지 않거나 새로운 낱말이 순간적으로 떠오르지 않아 낱말을 많이 붙여나가기가 매우 힘들어요. 그래서 아이가 잘하거나 좋아하는 주제를 선택하는 것이 중요해요. 한 번씩 할 때마다 몇 개까지 낱말을 붙였는지 기록으로 남겨보세요. 기억력과 연상 능력, 또 상황에 따른 어휘력을 키워주지요.

1. 우리, 말 덧붙이기를 해보자.

"덧붙이기는 원래 있는 것에 더 보태서 늘려간다는 뜻이야."

2. 각자 자신 있는 주제를 정해서 해보자.

"엄마는 놀이공원으로 주제를 정했어."

예 놀이공원에 가면 솜사탕도 있고 → 놀이공원에 가면 솜사탕도 있고, 매표소도 있고, → 놀이공원에 가면 솜사탕도 있고, 매표소도 있고, 회전목마도 있고, → 놀이공원에 가면 솜사탕도 있고, 매표소도 있고, 회전목마도 있고, 바이킹도 있고…

3. 우리 ○○는 어떤 주제로 하면 자신 있을까?

"앞에서 말한 내용을 모두 기억해서 말해야 하고, 당연히 이미 말한 낱말은 또 말하면 안 돼."

같은 말로 이어 말하기

같은 말을 앞쪽에 넣어 반복하면서 뒤쪽에는 자신이 생각한 말을 이어서 말하는 놀이예요.

1. 앞쪽에 넣을 짧은 문구를 정해요.

예 높다, 낮다, 넓다, 좁다, 깊다, 얕다, 길다, 짧다, 예쁘다 등

2. 앞쪽 문구에 맞는 말로 이어나가요.

예 높다 높다 하늘이 높다—높다 높다 산이 높다—높다 높다 아파트가 높다—높다 높다 철
봉이 높다…

TIP 같은 말로 이어 말하기는 사물의 특성을 이해해야만 말을 바르게 이어갈 수 있어요. 입으로
말함과 동시에 몸으로 크게 표현하면 좋아요. '높다 높다'는 양팔을 높이 올리고 까치발을 떼며 크게
키를 키우면 되겠지요. 이때 이왕이면 엄마가 익살스러운 표정과 몸짓으로 즐겁게 표현한다면 금상첨
화일 거예요.

●●● 친절한 제언

* 말 덧붙이기는 엄마와 둘이 진행할 수도 있지만, 여러 사람이 둘러앉아 게임으로 진행하
면 훨씬 더 재미있어요. 이 게임을 하려면 규칙을 정확히 이해하고, 주제에 맞는 낱말을
많이 알아야 하며, 앞사람이 말한 내용을 잘 기억할 수 있어야 하지요.

* 아이들이 쓰는 말과 문장의 표현 방식은 보통 산만하고 절제되어 있지 않습니다. 물론
그래서 더 재미있기도 하지만, 가끔은 말의 일관성과 통일성에 대해서도 연습할 필요가
있어요. 말 덧붙이기나 같은 말로 이어 말하기 등을 자주 하게 되면 표현이 좀 더 명확하
고 선명해지지요.

정해진 수로만 말해보자
● 5글자 놀이 ●

■■■ 이번에도 글자 수를 정해서 말하는 활동을 해볼까요? 3글자가 익숙해지면 4글자, 5글자로 늘려가면 됩니다. 특히 5글자는 자연스럽게 존댓말이 되어 서로 듣기에 편하고 정겹지요. 소리를 정확히 구분하지 못하면 낱말을 말할 때 하나의 소리를 빼는 탈락, 소리를 합치는 합성, 음절을 바꾸는 대치 같은 잘못된 언어 습관이 생길 수 있어요. 그래서 글자 수를 정해서 말하는 놀이는 음운 인식에 도움을 주는 것은 물론 정확한 발음으로 또박또박 말하는 연습이 되어 좋아요.

1. 우리, 3글자로만 말해보자.

   "우리 ○○가 3글자로만 말해야 엄마도 대답하고 행동할 거야. 어떤 말부터 시작

   해볼까?"

   예 엄마: 괜찮아, 대단해, 밥먹자, 부탁해, 손씻어, 최고야 등

   　 아이: 생각중, 신나요, 싫어요, 엄마짱, 재미나, 좋아요 등

2. 3글자로 말하기 쉽지 않네. 이제 시간을 정하고 해보자.

   "우리 시간을 정해놓고 그때까지만 3글자 말하기 규칙을 지켜보자."

   "30분, 1시간? 좋아! 정해진 시간이 되어 '땡!' 하면 끝나는 거야."

3. 이번에는 5글자로 올려보자.

   "엄마는 5글자라고 하니까 예쁜 노래가 떠오르네. ○○야, '다섯 글자 예쁜 말'이

   라는 노래 알아? 함께 불러보자."

   예 한 손만으로도 세어볼 수 있는 아름다운 말 정겨운 말

   　 한 손만으로도 세어볼 수 있는 다섯 글자 예쁜 말

   　 사랑합니다. 고맙습니다. 감사합니다. 안녕하세요. 아름다워요. 노력할게요.

   　 마음의 약속 꼭 지켜볼래요.

   　 한 손만으로도 세어볼 수 있는 다섯 글자 예쁜 말

4. 이제 "땡!" 할 때까지 5글자로만 서로 말하는 거야.

   "지금부터 저녁 식사 때까지 우리 5글자 말에만 대답하고 행동하자."

   예 엄마: 맛있게먹자, 손을씻어라, 숙제해야지, 싸우지마라, 오늘뭐했어 등

아이: 간식주세요, 놀이터가요, 알겠습니다, 재미나네요, 책읽었어요 등

연상 낱말 찾기

낱말이나 문장을 정한 후 떠오르는 것을 교대로 말이나 글로 표현하는 놀이예요.

1. 가위바위보나 사다리 타기로 순서를 정해요.

2. 이긴 사람이 주제를 정해요.

3. 정해진 주제에 따라 교대로 낱말을 말해요. 먼저 말이 막히거나 터무니없는
   말을 한 사람이 지는 거예요.

   예 '봄' 하면 연상되는 낱말: 개나리, 병아리, 아지랑이, 올챙이, 진달래 등

   '대한민국' 하면 연상되는 낱말: 무궁화, 붉은악마, 태극기, 한글, 한복 등

   TIP 연상되는 낱말을 글로 쓸 때는 마인드맵(생각 지도, 생각 그물) 형태로 구성하면 좋아요.

   TIP 연상되는 낱말 말하기의 주제는 정말 무궁무진하지요. 정답이 없는 놀이이므로 어느 정도는 추상
   적인 낱말이나 문장을 사용해도 괜찮아요. 또 친구나 선생님 등 주변 사람에 관해 묻는다면 자연스
   럽게 아이의 속마음을 알 기회가 되지요.

●●● 친절한 제언

   ＊ 아이 중에 간혹 음절 인식을 헷갈리는 경우가 있어요. 그럴 때는 한 음절에 한 번씩 손벽
   을 치는 연습을 먼저 해보세요. 예를 들어 '괜찮아'는 3음절이니까 손벽을 3번 치고, '사
   랑합니다'는 말을 하면서 동시에 손벽을 5번 치는 연습을 하는 것이지요.

✻ 글자 수를 정해서 말해보면 우리가 주로 하는 말의 패턴이 보입니다. 아이들은 주로 요구사항을 말하고, 엄마는 명령하는 말을 많이 쓰지요. 성장기에 부모에게 듣는 응원과 무한 신뢰의 말은 아이를 더욱 단단하고 긍정적인 사람으로 만들어줄 것입니다. 아이에게 부정의 언어보다는 긍정의 언어를 많이 사용하도록 노력해보세요.

물에 빠진 독수리를 낚아라
● 낱말 낚시 놀이 ●

■■■ 오늘은 아이와 함께 물고기를 낚는 어부가 되어볼까요? 당장이라도 낚시터에 달려가 실제로 물고기를 낚으면 좋겠지만 아이와 자석 낚싯대를 만들어 낱말 카드를 낚아보는 것도 그에 못지않게 재미나지요. 아이는 놀이를 하면서 웃고 생각하고 이야기하는데, 이 과정에서 어휘력과 사고력, 그리고 사회성이 자연스럽게 성장한답니다.

1. 우리, 낱말 낚시 놀이하자.

   "오늘은 우리 어부가 되어볼까? 자석이 달린 낚싯대로 낱말 카드를 낚아보자."

   "조건에 맞는 낱말 카드를 낚싯대로 낚은 후, 각각 잡은 카드의 점수를 합하여 높은 사람이 이기는 놀이야."

2. 먼저 자석 낚싯대를 엄마 것 하나, 네 것 하나 2개를 만들자.

   TIP 나무젓가락 끝에 실을 이은 다음에 테이프로 동전 자석을 붙여 낚싯대를 만들어요.

3. 이번에는 물고기가 될 낱말 카드를 만들어보자.

   TIP 낱말 카드는 물고기 모양이 아니라 네모난 종이에 클립을 끼워서 만들어도 충분해요.

   "낱말 카드에 동물 이름을 적어볼 거야. 카드 숫자만큼 동물 이름을 써보자. 쓰기 어려우면 엄마가 도와줄게."

4. 자, 이제부터 낚시를 시작해볼까?

   "가위바위보나 사다리 타기로 순서를 정하자."

   "이긴 사람부터 어떤 동물을 낚을지 하나씩 조건을 말하는 거야."

   예 이름이 3글자인 동물: 가오리, 갈매기, 기러기, 다람쥐, 캥거루, 코뿔소 등

      'ㅅ'이 들어간 동물: 독수리, 방울새, 사슴, 사자, 상어, 새우, 원숭이 등

5. 모두 낚았네. 누가 더 많은 낱말 카드를 낚았는지 세어볼까?

   "같이 큰 소리로 세어보자. 우리 ○○ 카드부터 세어볼까? 하나, 둘, 셋…"

   "우리 ○○가 집중해서 카드를 낚으니 진짜 어부처럼 보였어."

동물 분류 놀이

동물 낱말 카드를 특성에 따라 분류하는 놀이예요.

1. 동물 이름이 적힌 낱말 카드(20장 정도)를 준비해서 두 사람 사이에 놓아요.
2. 순서대로 조건을 말하고 한 장씩 가져와요. 예를 들어 "알을 낳는 동물을 찾
   아라" 하면, 여기에 해당하는 동물을 먼저 내 앞으로 가져오면 되지요.

   예 사는 곳에 따른 분류: 땅에 사는 동물(기린, 다람쥐 등), 물에 사는 동물(거북, 고래 등), 하
   늘에 사는 동물(까마귀, 독수리 등)

   먹이에 따른 분류: 육식 동물(하이에나, 호랑이 등), 초식 동물(소, 얼룩말 등)

••• **친절한 제언**

* 낱말 카드를 낚는 조건은 여러 가지가 있겠지만, 아이의 실력에 따라서 정하세요. 제일
  쉬운 것은 음절 수를 조건으로 하는 거예요. 그다음으로 낱자를 조건으로 하거나 받침의
  숫자, 특정 받침 식으로 정하면 됩니다. 그래서 낱말 카드는 많이 만들어놓되, 바꿔가면
  서 하면 좋아요. 조건을 제시하면서 낚는 데 초점을 두세요.

* 낱말 카드를 모두 낚은 후 점수를 합산하는 방법은 다양해요. 아이와 미리 협의해서 정
  해야 나중에 분란이 없지요. 다양한 방법으로 점수를 계산하면 자연스럽게 수학 공부도
  된답니다.

  예 낱말 카드 한 장당 1점으로 계산해요.

  낱말 카드 뒷면에 미리 숫자(1~3)를 적어놓고 합산해요.

  낱말의 음절 수를 점수로 환산해요. 예를 들어 '토끼'는 2음절이니 2점, '고슴도치'는
  4음절이니 4점으로 계산해요.

요리 보고, 조리 보고
● 낱말 만들기 ●

■■■ 아무 의미 없는 낱글자들로 낱말을 만드는 놀이는 종이와 연필만 있으면 준비 끝입니다. 하지만 아이가 너무 재미있어하고, 효과는 기대 이상입니다. 처음에는 낱글자 7~8개로 시작해서 10개, 그 이상으로 늘려주세요. 그럴수록 만들 수 있는 낱말도 계속 늘어나지요. 게다가 내가 직접 만든 낱말로 문장까지 쓸 수 있으니 종종 아이와 해보세요.

135

1. 우리, 뒤죽박죽 섞여 있는 글자로 낱말을 만들자.

   TIP 종이나 화이트보드에 10개의 의미 없는 낱글자를 미리 써주세요.

   "여기 10개의 낱글자가 있네. 우리 한번 의미가 있는 낱말을 찾아보자. 도대체 뭐라고 쓰여 있는 것 같아?"

2. 10개의 낱글자를 이리저리, 띄엄띄엄 또는 반대로 볼까?

   "아무런 뜻이 없는 10개의 낱글자야. 하지만 요리 보고, 조리 보면 낱말을 만들 수 있지."

   예 미 장 고 여 시 야 름 구 마 녀 → 고구마, 고장, 구름, 마녀, 시장, 야구, 야구장, 야시장, 여름, 시구, 장마, 장미 등

3. 이번에는 우리 ○○가 10개의 낱글자를 써볼까?

   "우리 ○○가 쓰고 싶은 낱글자를 10개 써봐. 뒤죽박죽 글자 속에서 함께 낱말을 만들어보자."

   예 청 돼 지 공 소 룡 원 기 바 지 → 공기, 공룡, 공원, 돼지, 바지, 소원, 지원, 청바지, 청소, 청소기, 청원 등

4. 우리가 찾은 낱말로 함께 문장도 만들어보자.

   예 마녀가 야구장에서 장미를 입에 물고 시구를 했다.

   돼지와 공룡이 청바지를 입고 공원에 갔다.

문장 사이사이 의미 없는 글자를 지우개로 지워 올바른 문장을 만드는 놀이예요.

1. 엄마가 먼저 올바른 문장 가운데 의미 없는 글자를 몇 개 집어넣어요.

   예 우 리 강 고 양 이 는 를 미 사 랑 스 러 워 요 다

2. 아이와 가위바위보를 해서 이기는 사람이 한 글자를 지워요.

   예 1번 예시 문장에서는 '강, 를, 미, 다'를 지우면 바른 문장이 되지요.

3. 마지막 글자를 지운 사람이 승리하는 놀이예요.

4. 의미 없는 글자를 지우고 완성된 문장을 함께 읽어요.

> TIP 놀이의 난이도를 한 단계 올리려면 가위바위보를 해서 이기는 사람은 한 글자씩 지우고, 지는 사람은 한 글자씩 써서 마지막에 문장을 완성하는 사람이 승리하도록 규칙을 정하면 돼요. 또는 의미 없는 글자 수를 늘려도 복잡해지지요.

> TIP 글씨는 잘 쓰는 것 못지않게 잘 지우는 것도 중요해요. 엄지와 검지로 지우개를 쥔 다음에 종이를 누르면서 지우면 깨끗이 지워져요.

●●● 친절한 제언

* 무작위로 낱말을 만들면 아이가 모르는 낱말이 많이 나와요. 예를 들면 야시장, 장마, 지원, 청원 같은 낱말이지요. 대부분 한자어인 경우가 많아요. 이때를 놓치지 말고 낱말의 뜻을 설명해주세요. 한자어와 어휘력이 쑥쑥 성장하는 기회가 될 테니까요.

* 뒤죽박죽 낱글자를 쓸 때 '기, 원, 장'을 하나씩 포함시켜보세요. 이 글자들이 들어가면 웬만해서는 낱말이 만들어지기 때문에 놀이가 조금은 수월해져요.

✱ 무작위로 쓰인 10개의 낱글자를 사이에 두고 각각 낱말을 적어보도록 하세요. 누가 더 많이 낱말을 만들었는지 게임도 가능하고, 둘 다 적은 낱말은 무엇인지 비교도 할 수 있지요. 아이가 지루해하지만 않는다면 함께 만든 낱말로 문장 만들기까지 꼭 진행해보세요.

너는 나의 영원한 아띠
● 순우리말 놀이 ●

나비잠...?

■■■ '아띠'가 무슨 말인지 아세요? 아띠는 친한 친구라는 뜻의 순우리말이에요. 순우리말은 '토박이말'이라고도 하는데, 처음에 낱말을 접하면 조금 낯설지만 보면 볼수록 순박하고 정겹습니다. 세계적으로도 한글의 독창성과 우수성은 인정받고 있기도 하고요. 말과 글은 마음을 비치는 거울이라고 하지요. 평소 국적 불명의 외래어, 신조어 사용보다는 곱고, 아름다운 우리말을 많이 사용하면 좋겠어요. 다양한 순우리말을 알고 있으면 글의 뜻을 더 정확히 이해할 수 있는 것은 물론 어휘력과 표현력도 높아지지요.

1. 우리, 정겨운 순우리말을 알아보자.

> **TIP** 순우리말은 우리나라 어휘 중 한자어와 외래어를 제외한 고유의 말이에요.

"엄마랑 순우리말을 맞히는 놀이를 해보자. 과연 어떤 말이 있을까?"

2. '잠'을 표현하는 순우리말을 맞혀볼래?

"갓난아기가 두 팔을 머리 위로 벌리고 자는 잠을 뭐라고 부를까? 나비가 날개를
펼친 모습과 비슷해서 '나비잠'이라고 부른단다."

"잠을 깊게 푹 자지 못하고 자주 깨면서 자는 잠을 무슨 잠이라고 할까? 고양이는
예민해서 잠을 길게 푹 못 자고, '괭이'라고도 불러. 그래서 '괭이잠'이라고 해."

> **예** 새우잠(등을 구부리고 옆으로 불편하게 누워서 자는 잠), 갈치잠(비좁은 방에 여럿이 모로 끼
> 어 자는 잠), 꽃잠(깊이 든 잠), 꿀잠(아주 달게 자는 잠), 노루잠(자꾸만 깨어 깊이 들지 못하
> 는 잠), 도둑잠(몰래 자는 잠), 말뚝잠(꼿꼿하게 앉은 채로 불편하게 자는 잠) 등

3. '바람'을 나타내는 근사한 순우리말도 많지.

"'고추바람'은 어떤 바람일 것 같아? 고추는 아주 맵지. 그래서 고추바람은 사납고
매섭게 부는 바람을 말해."

"'꽃샘바람'은 어떤 느낌이 들어? 꽃샘바람은 봄에 꽃이 필 무렵에 부는 찬바람이
란다."

> **예** 돌개바람(회오리바람), 소슬바람(가을에 쓸쓸한 느낌으로 으스스하게 부는 바람), 싹쓸바람
> (몹시 강한 바람으로 바다에서는 산더미 같은 파도를 일으키는 바람), 하늬바람(서쪽에서 부
> 는 서늘하고 건조한 바람), 황소바람(좁은 곳으로 가늘게 불지만 춥게 느껴지는 바람) 등

4. 여우비와 여우별에는 왜 여우가 들어가는 것 같아?

　"옛날이야기에서 여우는 사람으로 변해 진짜 사람을 괴롭히거나 몸이 빠르고 잘

　　사라지기도 하지."

　"여우비는 아주 잠깐 오다가 그치는 비를 말하고, 여우별은 궂은 날 구름 사이로

　　잠깐 나왔다가 다시 구름 속으로 사라지는 별이야. 어때? 우리 ○○가 생각했던

　　것과 비슷하니?"

가라사대 놀이

'가라사대'란 '말씀하시되, 말씀하시기를'이란 뜻이에요. 즉, "엄마 가라사대~"
는 "엄마가 말씀하시기를~"이란 뜻이지요. 그래서 가라사대 놀이는 진행하는
사람이 하는 말에 '가라사대'가 붙으면 그 말을 따라야 하고, 붙지 않으면 따르
지 말아야 해요.

1. 가위바위보나 사다리 타기로 놀이를 진행하는 사람을 정해요.
2. 진행하는 사람이 하는 말을 집중해서 잘 듣고 행동해요.

　예 "가라사대 오른손을 드세요." → 반드시 오른손을 들어야 해요.

　　"오른손을 번쩍 드세요." → 오른손을 들면 안 돼요.

　　"가라사대 오른손을 드세요. 빨리 내리시고요." → 오른손을 들고 있어야 해요.

> **TIP** 가라사대 놀이는 진행하는 사람이 빠르고 즐겁게 말해야 재미있지요. 놀이에 참여한 사람은
> 진행하는 사람의 말에 집중해야 해요. 아주 간단한 규칙이지만 말처럼 쉽지 않아서 그게 매력인 놀이
> 랍니다.

* 예쁜 순우리말 몇 가지를 알아볼까요? 순우리말을 많이 사용하고 보존하는 것도 우리의 중요한 역할이랍니다.

> **예** 가람(강), 아리수(한강), 윤슬(빛에 비치어 반짝이는 잔물결), 꼬리별(혜성), 미리내(은하수), 샛별(금성), 나래(날개), 다솜(사랑), 다소니(사랑하는 사람), 볼우물(보조개) 등

* 재미난 북한 말도 알아봐요.

> **예** 음식: 닭알(달걀), 가락지빵(도넛), 기름밥(볶음밥), 물고기떡(어묵), 남새(채소) 등
> 물건: 곽밥(도시락), 살결물(로션), 원주필(볼펜), 머리비누(샴푸), 목댕기(넥타이) 등

딩동댕, 징검다리를 건너라
● 맞춤법 징검다리 놀이 ●

■■■ 한 발 또 한 발, 조심조심! 오늘은 종이로 된 낱말 징검다리를 건너볼까요? 놀이의 모습을 띠고 있지만, 알고 보면 아이들이 자주 틀리는 낱말의 맞춤법을 배우고 익히는 시간이지요. 놀이를 가장한 학습! 교육적인 의욕이 앞서면 놀이에 대한 흥미를 잃어버리니, 최대한 즐겁고 경쾌한 분위기를 유지해주세요. "으쌰으쌰!" 기합도 넣어주고, 잘 건너면 "딩동댕~" 하면서 입으로 음향 효과도 내주고요. 단, 대리석이나 장판 위에서 종이를 밟으면 미끄러지니 안전에 유의하세요.

1. 우리, 맞춤법 징검다리 놀이하자.

> **TIP** A4 종이 10장을 반으로 잘라서 같은 낱말인데 맞춤법을 맞게 쓴 것 10장, 틀리게 쓴 것 10장, 총 20장을 준비해요.

"자, 종이 징검다리를 건너야 하는데 어떻게 하는 놀이일까?"

2. 맞춤법에 맞게 쓴 종이만 밟으며 징검다리를 건너는 거야.

> **TIP** 종이는 매트나 카펫이 깔려 있어 미끄럽지 않은 바닥에 일정한 간격을 두고 놓아요.

"출발지와 도착지를 어디로 정하면 좋을까?"

"우리 ○○가 생각하기에 바르게 쓴 낱말만 밟아서 도착지까지 가는 거야."

> **예** 음식: 김치찌개(김치찌게×), 깍두기(깎두기×), 볶음밥(뽁음밥×), 소시지(소세지×) 등
>
> 사람: 개구쟁이(개구장이×), 말썽꾸러기(말성꾸러기×), 욕심쟁이(욕심장이×) 등
>
> 물건: 베개(베게×), 설거지(설겆이×), 돌멩이(돌맹이×), 널빤지(널판지×) 등
>
> 동물: 꽃게(꽃개×), 달팽이(달펭이×), 두더지(두더쥐×), 암탉(암닭×) 등

3. 맞춤법이 틀린 글자가 적힌 종이를 밟았다면, 삑!

"틀린 글자를 밟으면 '삑!' 하고 엄마가 신호를 줄게."

4. 딩동댕~ 도착지까지 잘 오셨습니다!

"이제 다른 글자로 바꿔보는 건 어떨까? 다시 도전하시겠습니까?"

낱말을 셀 때 어울리는 '세는 말'을 찾아 연결해 짝을 찾는 놀이예요.

1. 엄마가 미리 세는 말이 필요한 낱말과 세는 말을 각각 카드(종이)에 적어서
   준비해요.

   예 세는 말이 필요한 낱말: 고양이, 나무, 배, 배추, 양말, 어린이, 연필, 장미, 책, 피자 등
      세는 말: 마리, 그루, 척, 포기, 켤레, 명, 자루, 송이, 권, 판 등

2. 낱말이 적힌 카드와 세는 말이 적힌 카드를 연결해요.

   예 고양이-마리, 나무-그루, 배-척, 배추-포기, 양말-켤레, 어린이-명, 연필-자루, 장
      미-송이, 책-권, 피자-판 등

3. 연결한 낱말과 세는 말을 짝꿍으로 맞춘 후 큰 소리로 읽어요.

> **TIP** 우리말의 세는 말, 즉 '수사數詞'는 '셈씨'라고도 하며 명사의 수량을 나타내요. 세는 말을 정확
> 히 사용하지 않으면 어법에 맞지 않는 이상한 말이 되지요. 예를 들면 '고양이 한 개'처럼 말이에요.
> 일상생활 속에서 자연스럽게 익히거나 놀이를 통해서 배워나가도록 해주세요.

●●● 친절한 제언

> ✱ 아이들에게 맞춤법은 너무나 어려운 과제예요. 그렇다고 일부러 시간을 내어 맞춤법 공
>   부를 하면 능률도 오르지 않고 힘만 들지요. 놀이를 통해 배우게 하되, 틀렸을 때 억지로
>   알려주기보다는 맞았을 때 칭찬해주세요. 어차피 맞춤법은 책을 읽거나 글을 쓰면서 자
>   주 접해야만 확실히 익히게 되니까요.
>
> ✱ 아이가 비속어나 짜증 섞인 말을 많이 쓴다면 '바르고 고운 말'과 '부정적이거나 상대를
>   불편하게 하는 말'을 적은 종이를 준비해 징검다리 놀이에 사용해보세요. 바른 언어를

사용할 수 있게 도와주지요.

＊ 모든 놀이는 아이의 수준에 맞아야 효과가 있어요. 맞춤법은 같은 나이라도 실력의 편차가 크므로 아이의 언어 발달 단계를 고려해서 체계적인 지도가 이뤄져야 합니다. 아직 아이가 자음과 모음을 배우는 단계라면 자음과 모음을 종이에 써서 순서대로 밟아 도착지까지 오는 것으로 놀이를 준비하세요. 간혹 아이 중에는 자음을 거꾸로 쓰며 헷갈리는 경우도 있어요. 그럴 때는 바르게 쓴 것과 거꾸로 쓴 것을 동시에 제공해 선택해서 밟게 하면 됩니다. 일단 다양한 형태로 자꾸 보면 학습 효과가 있으니까요.

3장

글놀이,
풍요롭게 문해력의
실전을 경험한다

글놀이를
해야 하는 이유

글'쓰기'보다는
글'놀이'가 먼저

책 읽기는 입력, 말하기와 글쓰기는 출력의 과정입니다. 자기 생각을 글로 표현하는 글쓰기는 고차원적인 지적 활동이에요. 우선 내 생각을 바라볼 수 있는 고도의 사고력(메타인지)을 바탕으로, 글로 표현해내는 창조력과 구성력이 뒷받침되어야 하니까요. 여기에 좋은 글이 되려면 풍부한 배경지식과 어휘력, 문장력까지 갖춰야 하지요. 정보화·지식화 사회에서 이제 글쓰기 능력은 빼놓을 수 없는 필수 역량입니다. 자신이 가지고 있는 매력과 콘텐츠를 잘 정리해서 선보여야 하기에 글쓰기 능력은 점점 더 강조되는 추세지요.

한창 문해력을 발달시켜나가는 5~9세 시기에는 글쓰기를 '글놀이'로 접근하는 편이 좋습니다. 글 잘 쓰는 아이로 키우고 싶은 욕심에 일기나 독후감 쓰기 등을 너무 일찍 시키면 오히려 소탐대실하게 되지요. 아직 준비되지 않은 아이에게 오히려 거부감만 주기 때문이에요. 그러면 향후 글쓰기가 힘들어지는 것도 문제지만, 아이와의 관계를 망칠 가능성이 커지는 게 더 큰 문제랍니다.

예를 들어 독후감 쓰기를 아이에게 놀이로 접근시키려면 아이가 읽은 책을 기록으로 남기는 '독서 기록장'으로 시작해보세요. 처음에는 책 제목만 쓰고, 점차 익숙해지면 작가 이름까지 씁니다. 그리고 나서 앞으로 등장할 '글놀이' 중 알맞은 놀이를 골라 독서 기록장을 쓸 때 활용하면 되지요. 이러한 글쓰기는 아이가 가볍게 할 수 있으면서도 기록으로 쌓이는 것이 눈에 보이기 때문에 책 제목의 숫자가 늘어날수록 자존감도 높아져요. 이처럼 초등 2학년까지는 다양한 글놀이로 자기 의견을 두려움 없이 자연스럽게 표현하고, 글쓰기를 즐거운 활동으로 인식해 놀이하듯 즐기면 충분합니다.

글놀이로 시작하면
글쓰기가 세상에서 가장 쉬워진다

아이가 글씨를 쓰려면 글씨를 쓸 때 사용하는 소근육이 충분히 발달해야 합니다. 그러기 위해서는 가위질하기, 종이 찢기, 종이접기, 찰흙 놀이는 물론 줄 긋기, 색칠하기 등의 활동을 해야 하지요. 글씨를 쓸 때는 '3P'라고 하는 3가지 요소가 작용하는데, 글씨 쓰는 자세Posture, 연필 쥐는 법Pencil, 올바른 종이 위치 Position를 말해요. 먼저 어깨를 쭉 펴고 허리를 세워 앉아요. 연필은 약간 기울여서 가볍게 잡는 것이 좋고요. 종이는 오른손잡이(왼손잡이)일 경우 약간 오른편 (왼편)에 놓고 왼손(오른손)으로 고정한 후 써 내려가도록 처음부터 바른 자세를 잡아주면 큰 도움이 됩니다. 그리고 글쓰기를 더욱 즐겁게 하도록 다양한 크기 또는 색깔이나 질감이 다른 종이, 특이한 필기구 등을 제공해주는 것도 정말 필요하지요.

아무리 만반의 준비를 했다고 해도 아이에게는 가장 힘든 것이 글쓰기입니다. 그래서 100만 가지 방법으로 유혹해야 하지요.

첫 번째 글놀이인 '글쓰기 놀이'는 특별한 재료에 글씨를 써서 놀이로 연결하는 방법이에요. 물로 글씨를 쓰거나 풍선에 글씨를 쓴 후 치면서 놀거나 비밀 글씨를 쓰는 등의 글놀이를 해보세요. 특히 암호 해독 놀이는 글자 조합에 대해 알려주면서 동시에 맞춰가는 묘미가 있어 아이들이 더욱더 흥미진진하게 느낀답니다.

두 번째 글놀이인 '재미있는 글쓰기'는 글쓰기 주제를 다양하게 제시해서 글을 써보는 방법이에요. 교대로 이야기 이어 쓰기, 동물로 상상 글쓰기 등은 주제를 바꿔서도 얼마든지 해볼 수 있지요. 이때 한글 쓰기가 아직 미숙한 아이들은 말로 하게 하거나 아이가 하는 말을 엄마가 종이에 받아 적어서 아이가 보고 쓸 수 있게 하면 됩니다. 한글을 쓸 수 있는 아이라도 아직은 틀린 글자가 많겠지만 뜻이 통한다면 맞춤법에 너무 연연해하지 마세요. 그래야 아이에게 글쓰기에 대한 압박감이 생기지 않습니다.

세 번째 글놀이인 '정리하는 글쓰기'는 책을 읽은 다음에 생각을 정리하기 쉽도록 구조화된 틀에 글을 써보는 방법이에요. 이러한 틀을 '그래픽 오거나이저 Graphic Organizer(이야기 구조 도식)'라고 하는데, 마인드맵, 이야기를 순서대로 나열하는 시간 기차, 벤 다이어그램 등이 있어요. 완성하면 쓴 내용이 한눈에 들어오도록 시각화되어 멋진 작품처럼 보인답니다.

이처럼 다양한 글놀이를 따라 하는 것만으로도 아이와 신나게 글을 쓸 주제가 무궁무진하게 떠오릅니다. 글로 옮기기 전에 생각할 시간을 충분히 주고, 칭찬과 격려를 잊지 않는다면 아이의 글쓰기 실력은 글놀이에서 자연스럽게 연결되기 때문에 탄탄대로를 걷게 될 것입니다.

쉽고 재미있게 즐기는
글놀이 26

글쓰기 놀이

물 글씨 놀이 • 풍선 글씨 놀이 • 비밀 글씨 놀이
응원 비행기 놀이 • 암호 해독 놀이

재미있는 글쓰기

교대로 이야기 이어 쓰기 • 낱말 연결해 문장 쓰기
주어와 서술어 늘려 쓰기 • 의성어와 의태어 넣어 쓰기 • 비유해서 쓰기
오감 표현 쓰기 • 날씨 표현 쓰기 • 정밀 묘사 쓰기
전래 동요 바꿔 쓰기 • 어울리는 이름 쓰기 • 동화 바꿔 쓰기
동물로 상상 글쓰기 • 정답 없는 의견 쓰기 • 북카페 메뉴판 만들기

정리하는 글쓰기

마인드맵으로 정리하기 • 시간의 흐름으로 정리하기
원인과 결과로 정리하기 • 벤 다이어그램으로 정리하기
5Finger Retell 기법으로 정리하기 • KWL 기법으로 정리하기
육하원칙으로 정리하기

쓱싹, 사라지기 전에 써보자
● 물 글씨 놀이 ●

■■■ 많은 아이들이 글쓰기를 어려워하지만, 글을 쓸 때 색다른 도구를 제공하면 일단 즐겁게, 또 적극적으로 임해요. 그중에서도 아이들은 붓 사용을 굉장히 재미있어한답니다. 붓으로 글씨 쓰기라니, 생각만으로도 벌써 흥미진진할 거예요. 오늘은 연필 대신, 색연필 대신 물로 글씨를 쓰는 재미난 놀이를 해볼까요?

1. 우리, 물로 글씨를 써보자.

   TIP 물통과 붓을 준비해 놀이터, 공원 등 벽돌이나 나무판자가 있는 곳으로 가서 글씨를 써요.

   "붓에 물을 듬뿍 묻혀서 우리 ○○ 이름을 써볼까?"

   "이번에는 엄마, 아빠 이름도 써볼래? 공룡이나 인형을 그려도 좋겠다."

2. 햇볕이 쨍쨍 내리쬐는 곳이면 물로 쓴 글씨는 금방 사라진단다. 하지만 또
   쓰면 되니까 괜찮아.

팡팡, 터지기 전에 써보자
● 풍선 글씨 놀이 ●

■■■ 오늘은 풍선에 사라졌으면 하는 것을 쓰고 아이와 함께 풍선을 팡팡 쳐가며 스트레스를 풀어볼까요? 이처럼 주제가 있는 글쓰기는 이해력과 민감성을 키워주기도 하지만, 가장 큰 장점은 글쓰기에 대한 거부감을 줄일 수 있다는 거예요. 풍선에 사라졌으면 하는 것을 쓰는 활동을 하면 아이가 현재 무섭고 두려워하는 게 무엇인지 속마음을 알 수도 있어요. 간혹 친구의 이름을 적기도 하지요. 그렇다고 꼬치꼬치 캐묻기보다는 먼저 아이들 간의 관계를 살펴본 다음에 선생님과 상담하는 게 좋답니다.

1. 우리, 풍선 글씨 놀이하자.

   "풍선에 글씨를 쓰고 소리를 외치며 팡팡 치는 놀이야."

2. 먼저 풍선을 크게 불어보자.

   TIP 생각보다 아이들은 풍선 불기를 힘들어해요. 이럴 땐 엄마가 풍선을 한두 번 불어서 건네주세요.

   "풍선이 너무 크면 금방 터지니까 적당히 불어야 해."

3. 이번에는 풍선에 매직으로 글씨를 써보자.

   "풍선을 팡팡 치면서 놀기로 했으니까 이 세상에서 사라졌으면 하는 걸 써보자. 엄마가 제일 없어졌으면 하는 건 도둑과 나쁜 바이러스야."

   "우리 ○○는 뭐라고 쓸 거야? 엄마가 도와줄까?"

4. 이제 사라졌으면 좋겠다고 쓴 것들을 크게 외치며 풍선을 쳐보자.

   "영원히 사라져라, 도둑!" 풍선 팡팡!

   "당장 없어져라, 우리를 괴롭히는 나쁜 바이러스!" 풍선 팡팡!

5. 풍선을 열심히 쳤더니 손이 까매졌네. 끝으로 뭐라고 말하고 씻을까?

   "손의 검댕은 사라져라, 얍! 하하하."

쉿, 남모르게 써보자
● 비밀 글씨 놀이 ●

■■■■ 꿩 먹고 알 먹고! 오늘은 신기한 과학 실험도 하고 재미난 글씨도 써볼까요? 붓에 식초를 묻혀 글씨를 쓰는 활동은 아이들이 너무나 흥미로워하는 놀이예요. 붓이라는 도구, 시큼시큼 먹는 식초, 색다른 분위기를 낼 때 쓰는 초까지 나왔으니 말이지요. 모두 구하기 어렵지 않은 재료들이니 자주 내주세요. 하지만 초에 불을 켤 때는 엄마가 반드시 곁에 있어야 합니다. 종이를 너무 가까이 대서 타게 되면 위험한 것은 물론 아이가 기겁하며 놀랄 테니까요.

1. 우리, 식초로 비밀 글씨를 써보자.

   TIP 흰 종이, 식초(레몬즙), 붓, 초(캔들), 드라이기를 준비해주세요.

   "글씨를 쓰면서 간단한 과학 실험도 함께해볼까?"

2. 붓에 식초를 묻혀 흰 종이에 글씨를 쓰자.

   TIP 식초는 색깔이 없어서 종이에 글씨를 써도 글씨를 쓴 부분만 살짝 젖는답니다.

   "붓에 식초를 충분히 묻혀서 종이에 글씨를 써보자."

3. 이제 드라이기로 종이의 젖은 부분을 말려볼까?

   "글씨 쓴 부분이 살짝 젖어 있네. 조심조심 드라이기로 바짝 말려보자."

4. 완전히 마른 종이에 초를 살짝 갖다 대보자.

   "드라이기로 말리니 글씨가 하나도 안 보이네. 이제 초에 불을 붙여서 종이에 갖다

   대보면 어떤 일이 벌어질까?"

   "엄마가 식초로 뭐라고 썼게? 맞혀보세요."

5. 우아, 우리 ○○가 쓴 글씨가 갈색으로 보이네.

   TIP 종이에 묻은 식초(산)는 수분을 탈수시키는 성질이 있어서 식초를 묻힌 종이에 열을 가하면 수분

   이 적은 식초로 쓴 글씨 쪽이 더 빨리 타게 되어 글씨가 보여요.

   "글씨를 보이게 하는 과학의 원리가 참 신기하네."

으쌰으쌰, 응원 글을 써보자

● 응원 비행기 놀이 ●

■■■ 인간은 사회적 동물이라 나이가 어려도 사회에 적응하며 살아가고자 나름 애를 쓰기 때문에 아이들에게도 은근히 스트레스가 쌓인답니다. 그렇기에 아이들도 마음을 들여다보는 시간이 필요해요. 엄마에게는 물론 스스로에게도 위로를 받아야 하지요. 오늘은 나를 응원하는 문구를 써서 큰 소리로 외쳐보는 건 어떨까요? 응원 비행기를 만들어 날리는 과정에서 간단한 글쓰기는 물론 공간 지각 능력, 눈과 손의 협응력이 발달하지요.

1. 우리, 응원 비행기를 만들자.

　"응원 비행기 놀이는 종이에 나를 응원하는 문구를 쓴 다음, 그것으로 비행기를 만들어 날리면서 큰 소리로 응원하는 말을 외치는 놀이야."

2. 엄마와 아이 모두 속마음을 이야기해보세요.

　TIP 엄마가 먼저 속마음을 이야기해서 자연스럽게 아이가 말할 수 있도록 분위기를 조성해주세요. 단, 부담은 주지 마세요.

　"아까는 분리수거를 하러 갔는데 잘 모르는 사람이 뭐라고 해서 화를 낼 뻔했지 뭐야."

　"우리 ○○는 요즘 속상하거나 억울한 일 없었니?"

3. 어떤 말을 들으면 기분이 좋아져? 나를 응원하는 말을 써보자.

　"엄마는 우리 ○○에게 속마음을 털어놓았더니 기분이 많이 좋아졌어. 우리 ○○는 어떤 말을 들으면 기분이 좋아져?"

　"각자 들으면 기분이 좋아지는 말, 응원하는 말을 종이에 크게 써보자."

　예 나는 내가 자랑스러워, 나는 나를 믿어, 난 최고가 될 거야, 난 너무 예뻐 등

4. 이제 비행기로 만들어볼까?

　"우리가 응원하는 말을 적은 종이를 비행기로 만들어보자!"

　"자, 이제 비행기를 날릴 건데 응원 문구와 함께 내 이름을 힘차게 외치는 거야. ○○○, 나는 내가 자랑스러워!"

5. 기분이 어때?

"이름과 응원하는 말을 외치며 비행기를 날려보니 어때?"

"엄마는 가슴이 좀 뭉클했어. 엄마가 스스로 엄마 이름을 부른 지 좀 오래되었거든."

알쏭달쏭, 암호를 써보자
● 암호 해독 놀이 ●

■■■ 한글은 음소 문자로 하나의 음절이 4가지 조합, 즉 '모음(아), 자음+모음(가), 모음+자음(악), 자음+모음+자음(각)'으로 만들어져요. 암호 해독 놀이는 이를 은연중에 알려주지요. 오늘은 아이와 글자를 분절해서 만든 암호 해독표를 가지고 범인의 메시지를 읽어볼까요? 문제해결력과 시각적 표현 능력은 물론 과제 수행력과 사고를 조직하는 데도 도움을 준답니다.

1. 우리, 암호 해독 놀이하자.

   "기호를 보고 자음과 모음을 조합하여 글자를 만드는 놀이야."

   "범인이 남기고 간 암호를 우리가 풀어보자."

2. 여기 '암호 해독표'가 있어. 자음과 모음이 모두 기호로 되어 있네.

   "모두 이상한 기호로 되어 있는데, 어떻게 해야 할까?"

   "한글은 자음과 모음을 합쳐서 글자를 만든다는 사실을 알면 풀 수 있겠어."

[암호 해독표]

☀	🐾	☂	⛄	☕	♣	☺	😀	🐎	🦅	☎	☏	⛺	⬛
ㄱ	ㄴ	ㄷ	ㄹ	ㅁ	ㅂ	ㅅ	ㅇ	ㅈ	ㅊ	ㅋ	ㅌ	ㅍ	ㅎ
⚀	⚁	⚂	⚃	⚄	⚅	◯	◑	⚫	⬤				
ㅏ	ㅑ	ㅓ	ㅕ	ㅗ	ㅛ	ㅜ	ㅠ	ㅡ	ㅣ				

3. 암호 해독표를 보면서 글자나 문장을 만들어보자.

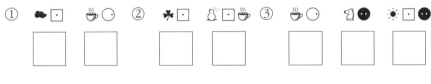

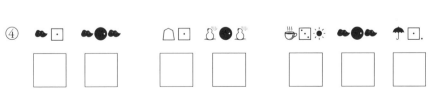

4. 이번에는 암호 해독표를 보면서 책 제목을 맞혀보자.

⑤ 🐿️▫️😊　😊◯　☎️▫️😊　　😊▫️🐛　🐛▫️😊　🐛●☕

⑥ 😊▫️😊　☂️▫️😊　😊●　　☎️▫️♨️　🐿️▫️😊

5. 우아, 정말 잘했어!

"기호를 조합하니 신기하게 글자가 되지?"

"이번에는 우리 ◯◯가 문제를 내볼래?"

[암호 정답]
① 나무 ② 바람 ③ 무지개 ④ 나는 파를 먹는다. ⑤ 장수탕 선녀님 ⑥ 엉덩이 탐정

울레줄레, 릴레이로 써보자
● 교대로 이야기 이어 쓰기 ●

■■■ 릴레이 달리기는 바통을 넘겨주며 여러 사람이 이어서 달리는 경기예요. 릴레이 글쓰기도 한 사람이 문장을 쓰면 그다음 사람이 이어서 쓰면서 이야기를 연결하지요. 아이와 함께 한 문장씩 말하며 이야기를 만들어보세요. 둘이 합작해서 만든 이야기는 누구도 상상하지 못했던 새로운 이야기로 탄생하지요. 또 한 문장씩 천천히 말한 내용을 글로 받아쓴다면 동화 한 편이 완성된 것 같아 아주 뿌듯한 경험이 된답니다.

1. 엄마가 먼저 문장을 말해요. '옛날 옛적에'로 시작하면 전래 동화가 연상되면서 새로운 이야기가 만들어져요.

   예 엄마: 옛날 옛적에 여우가 살았어요.

   아이: 여우의 꼬리는 매우 아름다웠지요.

   엄마: 여우는 동물들에게 자신의 꼬리를 자랑하고 싶었어요.

   아이: 누구에게 먼저 갈까?

   엄마: 히히히, 꼬리가 뭉툭한 토끼에게 먼저 가야겠는걸.

   ……

2. 순서를 바꿔 아이가 이야기를 자유롭게 시작하도록 하세요. 동화처럼 쓰는 것도 좋지만 평상시의 일로 자연스럽게 이어가도 좋아요. 어떤 문장으로 시작해도 계속 이어갈 수 있지요.

   예 아이: 놀이터에서 그네를 탔어요.

   엄마: 그네 타기는 정말 신이 나요.

   아이: 하늘까지 높이 올라가는 것 같아요.

   엄마: 어떻게 하면 그네를 더 높이 탈 수 있을까 생각했지요.

   아이: 그때 좋은 생각이 떠올랐어요!

   ……

신기방기, 말이 되도록 써보자

● 낱말 연결해 문장 쓰기 ●

■■■■ 서로 의미 없는 낱말을 제시해서 그 낱말로 문장을 만드는 놀이예요. 처음에는 2개의 낱말로 시작해서 익숙해지면 점차 낱말의 개수를 늘려가세요. 또 여러 개의 낱말을 주고 그중에서 자신이 원하는 3~4개의 낱말만 골라서 문장을 만들 수도 있어요. 낱말을 연결하다 보면 문장이 여러 개가 될 수 있지만, 반드시 의미는 연결되어야 하지요. 이 놀이를 하면 같은 낱말로도 수많은 문장을 만드는 경험을 할 수 있답니다.

1. 주어진 2개의 낱말을 사용해서 문장을 만들어요.

  예 도깨비, 딸기 아이스크림

  → 도깨비가 딸기 아이스크림을 보고는 도깨비 모자를 쓰고 아무도 모르게 아이스크림 가게에 들어갔다.

2. 아이가 생각나는 낱말을 쓰면 엄마가 먼저 문장으로 만들어보세요. 쓰인 낱말의 순서를 바꿔도 좋아요.

  예 고양이, 이모, 마녀

  → 마녀 위니는 고양이 윌버와 요술 빗자루를 타고 이모의 생일을 축하해주러 선물을 들고 하늘을 날아갔다.

3. 5개의 낱말 중 3~4개만 사용해 문장을 만들어보세요. 문장은 여러 개가 되어도 괜찮지만, 반드시 뜻은 연결이 되어야 해요.

  예 공원, 원숭이, 스마트폰, 경찰, 비행기

  → 원숭이가 지나가는 사람의 스마트폰을 훔쳐 공원에서 제일 키가 큰 나무에 올라가 앉아 있다. 아무래도 경찰에 신고해야겠다. 요 녀석, 혼 좀 나봐라!

굼실굼실, 늘려서 써보자
● 주어와 서술어 늘려 쓰기 ●

■■■ 우리말 문장의 기본 구조는 '주어-(목적어)-서술어'예요. 만약 '나는 밥을 먹는다'라는 문장이 있다면, 여기에서 '나는'은 주어, '밥을'은 목적어, '먹는다'는 서술어예요. 주어가 문장의 주인공이라면 서술어는 주인공이 무엇을 어찌하는지 설명하는 역할을 하지요. 목적어는 없어도 문장이 되지만, 글의 뼈대를 이루는 주어와 서술어가 없다면 올바른 문장이 되지 않아요. 주어와 서술어 늘려 쓰기는 주어와 서술어의 호응을 익히는 데 아주 좋은 방법이랍니다.

1. 주어와 서술어로만 이뤄진 짧은 문장을 제시해요.

   예 나는 먹는다.

2. 먼저 서술어에 꾸미는 말을 넣어서 문장을 늘려보세요.

   예 나는 맛있게 먹는다.

   나는 맛있게 씹어 먹는다.

   나는 맛있게 꼭꼭 씹어 먹는다.

   나는 소화가 잘되도록 맛있게 꼭꼭 씹어 먹는다.

3. 이번에는 주어에 꾸미는 말을 넣어서 문장을 늘려주세요.

   예 배가 고픈 나는 먹는다.

   아침을 안 먹어서 배가 고픈 나는 먹는다.

   늦잠을 자는 바람에 아침을 안 먹어서 배가 고픈 나는 먹는다.

4. 다양한 문장을 활용해 아이와 교대로 주어와 서술어를 함께 넣어서 문장을
   늘려보세요.

   예 아빠가 웃으신다, 비가 온다, 비행기가 날아간다 등

솔솔톡톡, 양념을 쳐서 써보자
● 의성어와 의태어 넣어 쓰기 ●

토실토실 아기가 춤을 춘다.

■■■ 의성어는 사람이나 사물의 소리를 흉내 낸 말이고, 의태어는 모양이나 움직임을 흉내 낸 말이에요. 아이의 언어가 폭발적으로 발달하는 시기에 '돼지'보다 '꿀꿀', '호랑이'보다 '어흥'을 더 빨리 배우는 이유는 귀에 쏙쏙 들어오는 운율과 리듬의 속성 때문이지요. 문장에 의성어나 의태어가 들어가면 글에 생기가 도는 것은 물론 맛깔스럽기까지 해요. 간단한 문장을 제시하고, 그 문장에 적합한 의성어나 의태어를 넣어 쓰는 글놀이를 해보세요. 언어를 이미지화하는 능력을 키워준답니다.

1. 의성어와 의태어를 넣을 수 있는 적합한 문장을 제시해요.

   예 아이가 춤을 춘다.

2. 의성어를 넣어서 문장을 써보세요.

   예 깔깔깔 웃으며 아이가 춤을 춘다.

   아이가 콩콩 발을 구르며 춤을 춘다.

3. 이번에는 의태어를 넣어서 문장을 써보세요. 이때 아이가 의성어와 의태어
   를 정확하게 구분할 필요는 없어요.

   예 토실토실 아이가 춤을 춘다.

   아이가 씰룩씰룩 엉덩이를 흔들며 춤을 춘다.

4. 일상생활에서 의성어와 의태어를 넣어 실감 나게 말하거나 그림책을 읽을
   때 적합한 의성어와 의태어를 넣어보세요.

   예 해가 떴다, 꿀벌이 난다, 기차가 출발한다 등

갸웃갸웃, 이유를 써보자

● 비유해서 쓰기 ●

■■■ '치킨은 사랑이다'와 같은 문장을 처음 보면 그 표현이 기발하고 강렬해서 머릿속에 오래 남지요. 이처럼 문장을 효과적으로 표현하기 위해 비유법을 사용해요. 비유법에는 의인법(사람이 아닌 것을 사람이 행동한 것처럼 표현함, (예) 아침 해가 방긋 웃어요), 은유법(대상을 또 다른 대상의 특징이나 모습으로 비유함, (예) 내 마음은 호수요), 직유법(다른 사물에 빗대어 표현함, (예) 봄날의 곰처럼 사랑해) 등이 있어요. 오늘은 아이와 비유해서 글을 쓰는 '--는 ~~다' 글놀이를 해보세요. 추상적인 표현이라 어려울 것 같지만 몇 번 해보면 아이들의 상상력에 깜짝 놀랄 기예요.

1. 'A는 B다'와 같이 은유법 문장을 쓸 때 그 이유까지 붙여서 써보는 거예요. 맨 처음에는 '나' 또는 '엄마'로 대상을 명확하게 정하고, 동물에 비유해보면 쉬워요. 즉, '나는 --다. 왜냐하면 ~~때문이다'처럼 말이에요. 엄마가 먼저 시범을 보여주세요.

   예 나는 하마이다. 왜냐하면 입이 크고, 물을 엄청 많이 마시기 때문이다.
   엄마는 책 먹는 여우이다. 왜냐하면 책읽기를 너무 좋아하기 때문이다.

2. 이번에는 다른 사람이 쓴 은유적 표현을 보고 '왜냐하면 ~~때문이다'만 써보세요.

   예 바람은 변덕쟁이다.
   → 왜냐하면 살랑살랑 불다가 갑자기 쌩쌩 불기 때문이다.
   봄은 고양이다.
   → 왜냐하면 꽃가루와 같이 부드러운 고양이의 털에 고운 봄의 향기가 어울리기 때문이다.

3. 'A는 B다'에서 'A'만 함께 정해 비유 표현을 연습해보는 것도 좋아요.

   예 친구는 --다, 그림책은 --다, 라면은 --다 등

꼼질꼼질, 몸의 감각을 쩌보자
● 오감 표현 쓰기 ●

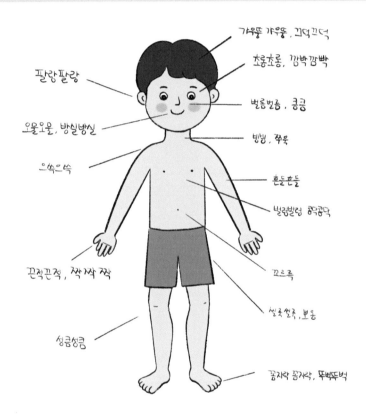

가우뚱 가우뚱 , 끄덕끄덕

초롱초롱, 깜빡깜빡

팔랑팔랑

벌룸벌룸 , 콩콩

오물오물, 방실방실

빙빙 , 쭈욱

으쓱으쓱

흔들흔들

벌렁벌렁 ⅜ 콩콩

끈적끈적 , 짝짝 짝

꼬르륵

실룩실룩 , 부웅

성큼성큼

꽁자작 꽁자작, 뚜벅뚜벅

■■■ 사람의 인지 발달은 오감五感(시각, 청각, 후각, 미각, 촉각)을 통해서 이뤄지지요. 그렇기 때문에 우리는 감각을 통해 정보를 받아들인 뒤, 각자의 방식으로 이미지, 소리, 느낌 등을 표상해요. 우리의 생각이나 경험은 오감의 조합으로 만들어진다고 해도 과언이 아니지요. 사람마다 조금씩 더 선호하고 활용하는 감각이 있다고 하지만, 감각적 낱말과 표현은 되도록 다양하게 많이 사용하는 것이 좋아요.

1. 오감에 대한 여러 가지 표현을 사용해보세요.

   예 시각(눈): 원피스가 알록달록하다, 눈이 초롱초롱하다, 햇살에 눈이 부시다 등

   청각(귀): 시장이 시끌시끌하다, 찌개가 보글보글 끓다, 버스가 덜컹거린다 등

   후각(코): 꽃내음이 향기롭다, 발 냄새가 지독하다, 주방에서 탄내가 난다 등

   미각(입): 떡볶이가 매콤하다, 사탕이 달다, 국이 짭짤하다 등

   촉각(피부): 아빠 턱수염이 까끌까끌하다, 찰흙이 잘바닥잘바닥하다, 손이 보드랍다 등

2. 우리 몸의 움직임을 다양한 의성어와 의태어로 표현해보세요.

   예 머리: 코(벌름벌름, 킁킁), 고개(갸우뚱갸우뚱, 끄덕끄덕) 등

   상체: 어깨(으쓱으쓱), 팔(빙글빙글), 가슴(벌렁벌렁, 두근두근), 배(꼬르륵) 등

   하체: 엉덩이(뿡뿡, 씰룩쌜룩), 다리(흔들흔들, 빙빙), 발(뚜벅뚜벅, 사뿐사뿐) 등

3. 전체적인 사람 그림이나 사진을 보며 각각의 신체 부위를 어떤 감각적인 언
   어로 표현할 수 있는지 이야기하며 글로 써보세요.

오락가락, 날씨를 써보자
● 날씨 표현 쓰기 ●

■■■ 예전 일기장을 보면 날짜 바로 옆에는 늘 날씨가 한 세트로 붙어 있었지요. 선택의 여지도 딱히 없어 해, 구름, 비, 눈에 동그라미만 하면 충분했어요. 일기 쓰기는 아무리 여러 가지 주제를 정해준다고 해도 어려운 일이에요. 하지만 날씨에 대한 표현 쓰기는 어느 정도 재미있게 진행할 수 있지요. 날씨를 표현하려면 일부러라도 창밖을 살펴봐야 하기에 자연스럽게 관찰력이 좋아지고, 주변 환경에 관심을 두게 된답니다. 그리고 날씨 표현에 감정까지 연결하면 무궁무진한 글쓰기의 소재가 된다는 사실도 잊지 마세요.

1. 오늘의 날씨를 재미나게 표현해보세요.

   예 봄: 바람 쌩쌩 봄이 정신 차려야 하는 날, 미세먼지에 방독면이 필요한 날 등

   여름: 살갗이 홀라당 탈 만큼 뜨거운 날, 장맛비에 돼지가 떠내려간 날 등

   가을: 솔솔 바람 불어 나들이 가야 하는 날, 하늘에서 낙엽이 눈처럼 내린 날 등

   겨울: 코끝이 쨍한 날, 발가락이 시려 꼼지락거린 날 등

2. 날씨에 나의 감정이나 상태를 연결해서 쓰면 짧은 일기가 되지요.

   예 해: 해님이 반짝, 내 마음도 반짝반짝

   구름: 하늘에 구름 잔뜩, 친구 때문에 억울한 내 마음에는 먹구름 잔뜩

   비: 우르릉 쾅쾅, 내 마음에도 천둥 치고 장대비가 내려요

   눈: 간판 끝에는 투명 고드름, 내 코끝에는 누런 고드름 등

3. 날씨에 관한 재미있는 표현도 알려주세요.

   예 호랑이 장가가는 날, 여우 시집가는 날, 개구리가 겨울잠에서 깨어나는 날 등

시시콜콜, 자세히 써보자
● 정밀 묘사 쓰기 ●

■■■ 어떤 글은 사진이나 그림이 없음에도 불구하고 머릿속에 그대로 그림이 그려지듯 자세하게 쓰인 글이 있어요. 대상이나 현상을 글로 묘사할 때는 있는 그대로 기술하거나, 특징이 무엇인지 파악해 그것만 잘 드러나도록 쓰기도 하지요. 방법과는 상관없이 이렇게 정밀하게 묘사해서 글을 쓰면 사물을 찬찬히 뜯어보며 정확하게 인식해 표현하는 능력을 기를 수 있어요. 나의 모습이나 상대방, 반려동물 또는 특정한 장소에 갔을 때 그곳을 자세하게 말이나 글로 표현해보도록 하세요. 때로는 색깔에 집중하는 것도 색다른 재미를 준답니다.

1. 거울을 보고 아이가 자신의 얼굴을 그림 그리듯 말로 표현하면 엄마가 받아 적어요. 그다음에 작성한 글을 읽으며 이야기를 나눠보세요.

   예 내 얼굴 크기는 우리 집에서 라면 끓일 때 사용하는 냄비보다는 약간 길쭉하지요. 이마는 옆으로 기다란 네모이고, 위에 머리카락이 있어요.

2. 손이나 발, 상대방 또는 반려동물의 모습을 자세히 표현해보세요. 아이가 쓴 글은 약간만 손보면 바로 생생한 동시가 되지요.

   예 손: 내 손의 손가락은 5개 모두 길이가 달라요. 손가락 가운데는 주름이 있고…

   고양이: 우리 기쁨이는 하얗고 긴 털을 가졌어요. 털은 아주 길고 가늘며…

3. 사물을 표현할 때 특히 색깔에 집중해서 표현해보세요.

   예 빨강: 빨갛다, 새빨갛다, 뻘겋다, 불긋불긋하다, 발그레하다 등

   노랑: 노랗다, 샛노랗다, 누렇다, 누르스름하다, 노리끼리하다 등

   파랑: 파랗다, 새파랗다, 퍼렇다, 푸릇푸릇하다, 파르스름하다 등

쑥덕쑥덕, 가사를 써보자
● 전래 동요 바꿔 쓰기 ●

■■■ 전래 동요는 예로부터 전해 내려오는 노래로 우리 민족의 고유한 정서가 담겨 있어요. 정겹고 리듬감이 있으며 노랫말이 쉬워 아이들이 따라 부르기 쉽지요. 간혹 아이에게는 전래 동요에 쓰인 낱말이 낯설거나 어려울 수 있으니, 요즘 많이 사용하는 낱말로 최대한 쉽게 풀어서 설명해주세요. 그리고 전래 동요를 부를 때 아이의 상상력을 자극해 동요의 앞쪽이나 뒤쪽 일부분을 의미와 음절에 맞게 바꿔보세요. 조금 바꿨을 뿐인데도 우리 집만의 재미난 동요 한 곡이 탄생한답니다.

1. 전래 동요 '잘잘잘'이에요. 숫자 부분과 '잘잘잘'은 그대로 두고, 밑줄 친 부분만 새롭게 바꿔보세요.

> **예** 하나 하면 <u>할머니가 지팡이 짚는다고</u> 잘잘잘 → 하늘에서 꽃비가 내린다고
>
> 둘 하면 <u>두부 장수 종을 친다고</u> 잘잘잘 → 두꺼비가 새집을 짓는다고
>
> 셋 하면 <u>새색시가 거울을 본다고</u> 잘잘잘 → 세종 대왕이 한글을 만든다고
>
> 넷 하면 <u>냇가에서 빨래를 한다고</u> 잘잘잘 → 네덜란드에 튤립이 피었다고
>
> 다섯 하면 <u>다람쥐가 알밤을 깐다고</u> 잘잘잘 → 다랑어가 헤엄을 친다고

2. 언제 들어도 웃음이 나오는 '도깨비 빤스'예요. '빤스'를 모자나 양말 등으로 바꾸거나 원하는 부분을 바꿔서 불러보세요.

> **예** 도깨비 빤스는 튼튼해요 → 도깨비 모자는 구멍 났어요
>
> 질기고도 튼튼해요 → 뿔이 2개 났거든요
>
> 호랑이 가죽으로 만들었어요 → 거북이 등껍질로 만들었어요
>
> 2천 년 입어도 까딱없어요 → 2만 년 써도 안 변해요

3. '어깨동무', '꼭꼭 숨어라', '꼬부랑 할머니'와 같은 전래 동요나 요즘 즐겨 부르는 노래 가사를 바꿔서 쓴 다음, 아이와 함께 즐겁게 불러보세요.

아기자기, 이름을 써보자
● 어울리는 이름 쓰기 ●

■■■ '늑대와 함께 춤을', '주먹 쥐고 일어서'가 무엇일까요? 바로 사람 이름이랍니다. 예전 영화에 나왔던 주인공들의 인디언식 이름이지요. 인디언들은 그 사람의 행동이나 모습, 생일 등을 기억하면서 조금 특별한 이름을 지었다고 해요. 사람 이름뿐만 아니라 아직은 상상이지만 미래에 경작하게 될 식물의 이름, 그리고 가게 이름도 재미나게 지어보세요.

1. '인디언식 이름'이라고 인터넷에 검색하면 생년월일에 따라 인
   디언식 이름을 지을 수 있어요. 가족이나 친구의 특징을 생각
   하며 기발한 인디언식 이름을 직접 지어보세요.

   예 용감한 바람의 파수꾼, 노래하는 백색 곰, 심장을 노리는 독수리 등

2. 미래에는 신기한 식물이 분명 등장할 거예요. 어울리는 이름을 짓고, 그림으
   로 표현해보세요.

   예 망고와 파인애플이 동시에 열리는 식물의 이름은?

   하얀 안개꽃과 빨간 장미꽃이 동시에 피는 식물의 이름은?

   땅속에서는 고구마가 열리고, 땅 위에서는 옥수수가 열리는 식물의 이름은?

3. 장사가 안되는 시장이 있어요. 가게의 이름을 바꾸고, 간판을 디자인해주
   세요.

   예 구두가 잘 팔릴 것 같은 신발 가게 이름은?

   케이크가 잘 팔릴 것 같은 빵 가게 이름은?

   파마하러 손님이 많이 올 것 같은 미용실 이름은?

알콩달콩, 바꿔서 써보자
● 동화 바꿔 쓰기 ●

■■■ 동화에서는 결정적인 단서가 하나만 바뀌어도 내용은 물론 결론까지 달라질 수 있어요. 동화 한 편을 모두 쓰는 것은 힘들지만, 기존 동화에서 조건을 하나만 바꿔서 그 이후의 내용을 써보는 것은 훨씬 수월하답니다. 아이의 글을 더 끌어내고 싶다면 추가 질문을 던져주세요. 그러면 사고가 확장되어 한 호흡으로 쭉 써 내려갈 수도 있거든요. 이야기가 완성되었을 때 아이의 자기 효능감(나는 할 수 있다고 믿는 힘)은 한 뼘, 아니 두세 뼘은 성장해 있을 거예요.

1. 『백설공주』에서 하나만 바꿔 써보세요.

> **예** 일곱 난쟁이가 아니라 일곱 거인이었다면?
>
> 백설공주에게 사과 알레르기가 있었다면?
>
> 왕비의 말하는 거울이 백설공주가 아니라 왕비가 이 세상에서 제일 예쁘다고 했다면?

2. 『신데렐라』에서 하나만 바꿔 써보세요.

> **예** 호박 대신에 오이가 있었어도 마차로 변신할 수 있었을까?
>
> 신데렐라의 발 크기가 보통이었다면 유리 구두로 찾을 수 있었을까?
>
> 밤 12시에 다시 재투성이 아이로 돌아온 신데렐라를 왕자님이 봤다면 어땠을까?

3. 『피노키오』에서 하나만 바꿔 써보세요.

> **예** 피노키오가 거짓말을 할 때 코가 아니라 팔이 길어졌다면?
>
> 피노키오가 고래 배 속에서 할아버지를 만나지 못했다면?
>
> 제페토 할아버지가 피노키오를 나무가 아니라 찰흙으로 만들었다면?

엉뚱깽뚱, 상상해서 쪄보자
● 동물로 상상 글쓰기 ●

■■■ 아이들은 그림책과 각종 매체 덕분에 동물을 친숙하게 느껴요. 그래서 동물을 주제로 상상 글쓰기를 시작하면 좋답니다. 상상 글쓰기란 말 그대로 상상해서 글을 쓰는 것이라 정답이 없어요. 자기 생각을 마음껏 펼쳐 자유롭게 쓰면 되는데, 그렇게 생각한 이유와 근거까지 쓰면 더 좋겠지요. 이러한 훈련이 되면 글 쓰는 힘이 자라 나중에 논술도 부담 없이 쓸 수 있을 거예요.

1. '동물 운동회'가 열렸어요. 과연 누가 이길까 생각을 적고, 이유도 써보세요.

   예 사자와 호랑이가 씨름 대회에 나갔대. 누가 천하장사가 될까?

   코알라와 나무늘보가 잠자기 대회에 나갔대. 누가 더 오래 잘까?

   뚱뚱한 치타와 키가 큰 토끼가 달리기 경주에 나갔대. 누가 더 빠를까?

   물을 싫어하는 하마와 개헤엄 선수 강아지가 수영 대회에 나갔대. 누가 이길까?

2. 서로 다른 동물이 사랑에 빠져 새끼를 낳는다면 어떻게 생겼을지 그림으로
   그리고, 어울리는 이름도 지어주세요.

   예 무당벌레와 호랑나비가 사랑에 빠져 알을 낳았대. 새끼는 어떻게 생겼을까?

   개구리와 미꾸라지가 사랑에 빠져 알을 낳았대. 새끼는 어떻게 생겼을까?

   공작새와 독수리가 사랑에 빠져 알을 낳았대. 새끼는 어떻게 생겼을까?

   까만 염소와 하얀 양이 사랑에 빠져 새끼를 낳았대. 어떻게 생겼을까?

3. 동물들의 엉뚱한 고민을 해결하는 방법을 적어보세요.

   예 육식 동물인 사자가 과일만 먹고 싶대. 뭐라고 말해줄까?

   달팽이가 집이 무겁다며 등껍질을 떼어버린대. 뭐라고 말해줄까?

   뱀이 배가 더러워진다며 기어 다니기 싫고 걷고 싶대. 뭐라고 말해줄까?

   병아리가 자기도 날개가 있다며 날겠다고 나무 꼭대기로 올라갔대. 뭐라고 말해줄까?

종알종알, 의견을 써보자

● 정답 없는 의견 쓰기 ●

■■■ 어른들은 종종 '정답'이라는 틀 안에 아이들을 가둬두려고 해요. 정답이 없는 질문으로 아이의 상상력을 키워주세요. 이런 생각은 생각을 넘어 글로 표현될 때 더 가치가 생기지요. 다음과 같은 질문을 아이에게 가끔 하나씩 문제로 내주고, 자기 의견을 적어보게 하세요. 재미가 있다면 아이는 말이 많아질 것이고, 그러면 글쓰기는 분명 신나는 놀이가 된답니다.

1. '만약에 내가~'로 시작하는 질문을 던져주세요.

    예 만약에 내가 이순신 장군을 만난다면 뭘 여쭤볼까?

    만약에 내가 공룡 시대로 타임머신을 타고 간다면 뭘 할까?

    만약에 내가 냉동 인간으로 있다가 100년 후에 깨어난다면 뭘 할까?

2. '~방법은?'으로 끝나는 질문을 던져주세요.

    예 우리 엄마를 늙지 않게 하는 방법은?

    가위바위보를 매번 이길 수 있는 방법은?

    크리스마스에 꼭 눈이 내리게 하는 방법은?

3. '~만 있고, ~는 없는 것은?'에 대한 질문을 던져주세요.

    예 유치원에만 있고, 학교에는 없는 것은?

    나에게만 있고, 대통령에게는 없는 것은?

    고양이에게만 있고, 호랑이에게는 없는 것은?

4. '이렇게 기발한 발명품이?'에 대한 질문을 던져주세요.

    예 지우개와 연필이 합쳐져서 하나가 되니 좋은데, 또 합쳐서 좋은 건 뭐가 있을까?

    휴지를 넣으면 "감사합니다!"라고 인사하는 휴지통이 있다는데, 이렇게 말로 했을 때

    효과적인 발명품은?

    땅 파는 두더지를 보고 포클레인을 발명했다는데, 또 어떤 동물의 행동을 보고 발명품

    을 만들까?

도란도란, 메뉴판을 쩌보자
● 북카페 메뉴판 만들기 ●

■■■ 아이들에게 책을 꾸준히 읽히고, 글을 쓰게 하려면 정말로 다양한 방법과 눈물겨운 노력이 필요합니다. 이 과정을 즐겁고 유쾌하게 만드는 방법 중 하나가 바로 '우리 집 북카페 만들기'예요. 어떤 일이든 거창하면 하기 힘들어지니 그렇게 생각할 필요는 없어요. 우선 간단한 메뉴판을 하나 만들어 재미나게 운영해보세요.

1. 우리 집 북카페의 이름을 지어보세요.

   예 지샘 북카페(지혜가 샘솟는 북카페), 책 먹는 여우 북카페 등

2. 음료 메뉴를 정해보세요. 우리 집 냉장고에 있는 음료로 하고, 가격도 책정해보세요.

   예 어린이 음료(우유, 두유, 유산균 음료 등), 어른 음료(커피, 주스 등)

3. 음악 메뉴를 정해보세요. 음악의 종류를 선택하되, 책 읽기에 방해가 되지 않도록 조용히 틀 것을 먼저 이야기해요.

   예 잔잔한 클래식, 아이가 좋아하는 노래, 엄마가 듣고 싶은 노래 등

4. 약속 책 메뉴를 정해보세요. 아이와 엄마 모두 이번 주(기간은 서로 합의해요)에 꼭 읽었으면 하는 책을 정해서 가격을 책정해보세요. 책 읽기를 돈으로 책정하는 게 불편할 수 있지만, 그래야 책을 꼭 읽게 되고 훨씬 재미있어요. 아이가 읽으려고 정한 책 500원, 엄마가 아이에게 읽히고 싶은 책 300원, 이렇게 정해서 책을 읽으면 돈을 받아 모으는 거예요. 이 부분은 매주 바뀌어야 하니 메뉴판을 만들 때 비워두세요.

5. 우리 집 북카페에서 주의할 사항을 정해보세요. 주의사항은 절대 3개를 넘기면 안 됩니다. 규칙이 많으면 지키기 힘들고 재미가 반감되거든요. 그리고 메뉴판은 언제든지 수정할 수 있도록 코팅을 해놓으면 좋아요.

   예 하루에 2권 이상 책을 바꾸지 않아요, 장소를 이동하지 않아요 등

6. 카페를 이용하려면 돈이 필요해요. 나만의 종이돈을 만들거나, 보드게임이나 은행 놀이에 들어 있는 돈을 사용하세요.

7. 우리 집 북카페에 돈이 어느 정도 모이면 아이가 원하는 것 중 하나를 들어주세요. 아이가 읽고 싶은 책을 산다거나 가족이 함께 놀러 가는 것 등을 고려해보세요. 물론 이 약속도 아이와 함께 만들어야 합니다.

요리조리, 생각 그물에 쩌보자
● 마인드맵으로 정리하기 ●

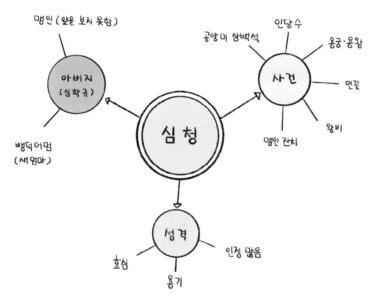

▲ 「효녀 심청」을 읽고, 마인드맵으로 정리한 예

■■■ 마인드맵Mind Map은 생각 지도 또는 생각 그물이라고도 하는데, 지도를 그리듯이 줄거리를 정리하는 방법이에요. 요즘은 교과 학습에서도 배운 내용을 '비주얼 씽킹Visual Thinking' 방식으로 많이 정리해요. 보통은 마인드맵 형태에 이미지와 짧은 글을 넣어서 핵심을 요약하는데, 주제가 한눈에 보여서 생각이 훨씬 더 명료해지고 기억에 오래 남는다는 장점이 있어요. 마인드맵은 독후 활동은 물론 초등 저학년에서는 자기소개나 가족 소개 등에, 고학년부터는 역사나 과학 개념을 정리하는 데 많이 활용되지요.

책 제목을 중심 동그라미에 넣고, 인물, 사건, 배경을 주변 동그라미에 써서 이야기를 정리해요. 또는 주인공을 중심 동그라미에 넣어 주인공의 생각이나 환경, 주변 인물, 변화 과정을 주변 동그라미에 쓰면서 풀어나가요. 아이가 생각을 거침없이 뻗으며 글을 쓰도록 격려해주세요.

예 『빨간 모자』를 읽고, 마인드맵으로 정리하기

'중심' 동그라미에는 '빨간 모자'를 크게 써요. 이 동화는 인물과 사건으로 이야기를 정리할 수 있어요. 먼저 '인물' 동그라미에는 '여자아이, 늑대, 사냥꾼' 정도가 적절해요. 여자아이에는 '빨간 모자를 매일 쓴다, 심부름을 잘한다, 꽃을 좋아한다', 늑대에는 '배가 고팠다, 거짓말을 잘한다, 나쁜 꾀를 부린다', 사냥꾼에는 '용감하다, 인정이 많다, 힘이 세다'를 선을 그어서 써요. 다음으로 '사건' 동그라미에는 이야기에서 일어난 일을 씁니다. '여자아이가 할머니 집에 심부름 가다가 꽃을 꺾었다, 늑대가 여자아이를 꿀꺽 삼켰다, 늑대가 할머니 침대에 누웠다, 사냥꾼이 늑대의 배를 갈랐다, 늑대의 배에 돌멩이를 채웠다' 등을 쓰면 좋겠어요.

똑딱똑딱, 시간 기차에 써보자
● 시간의 흐름으로 정리하기 ●

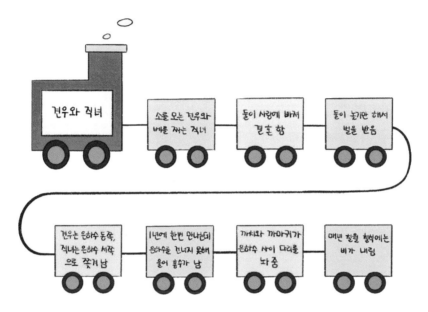

▲ 「견우와 직녀」를 읽고, 시간 기차로 정리한 예

■■■ 보통 이야기책은 시간의 흐름에 따라 진행되는 경우가 많아요. 우리나라는 물론 외국의 전래 동화도 사건 대부분이 시간 순서대로 전개되지요. 물론 아이가 아직 시간에 대한 개념이 명확하지 않을 수도 있어요. 그럴 때는 엄마가 적절한 질문을 던져주면 됩니다. "맨 처음에 주인공에게 어떤 일이 일어났지?", "이 사건 다음에는 누가 나타났더라?" 등과 같이 말이지요. 약간의 힌트만 줘도 아이는 힘들이지 않고 칸을 채워나간답니다.

시간 기차로 정리할 때는 맨 앞 칸에 책 제목을 쓰고, 시간의 흐름대로 중요 사건을 기차 한 칸에 하나씩 짧게 정리해서 써요. 사건이 여러 개라면 기차 칸을 늘려가면서 쓰면 됩니다. 시간 순서로 정리하는 것이니 기차 그림 대신에 시계 그림이나 영화 필름 그림에 정리해도 좋아요.

예 **『장화 신은 고양이』를 읽고, 시간의 흐름으로 정리하기**

기차의 맨 앞 칸에는 '장화 신은 고양이'를 쓰고, 이야기의 시간 순서대로 기차 한 칸씩 큰 사건을 중심으로 씁니다. ① 3형제가 유산을 받았는데 막내는 고양이를 받았다, ② 막내와 고양이는 집에서 쫓겨났다, ③ 고양이가 장화를 사달라고 해서 장만해줬다, ④ 장화 신은 고양이는 막내를 가짜 백작으로 만들었다, ⑤ 왕이 막내의 성에 방문했다, ⑥ 성의 주인인 마술사를 고양이가 쥐로 변신시켜 잡아먹었다, ⑦ 막내는 공주와 결혼하여 행복하게 살았다 정도로 이야기를 정리해요.

또박또박, 화살표 끝에 써보자

● 원인과 결과로 정리하기 ●

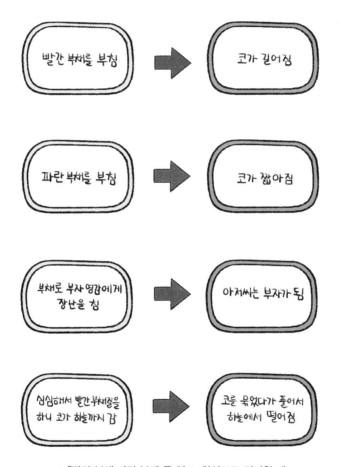

빨간 부채를 부침 ➡ 코가 길어짐

파란 부채를 부침 ➡ 코가 짧아짐

부채로 부자 영감에게 장난을 침 ➡ 아저씨는 부자가 됨

심심해서 빨간 부채질을 하니 코가 하늘까지 감 ➡ 코를 묶었다가 풀어서 하늘에서 떨어짐

▲ 「빨간 부채 파란 부채」를 읽고, 화살표로 정리한 예

199

■■■ 어떤 일이 일어난 까닭이 '원인'이고, 그 원인 때문에 일어난 일이 '결과'지요. 원인과 결과를 알려면 먼저 일의 순서를 알고, 원인이 되는 일 때문에 그 후 무슨 일이 생겼으며 어떻게 달라졌는지 파악해야 해요. 전래 동화의 전형적인 교훈인 권선징악勸善懲惡도 크게 보면 착한 일과 나쁜 일이 원인이고, 복을 받거나 벌을 받는 것이 결과지요. 원인과 결과를 알면 이야기의 흐름을 명확히 알 수 있고, 다음에 일어날 일을 예측하는 힘이 생긴답니다.

정리하는 글쓰기 과정 ···

화살표를 가운데 두고 왼쪽에는 일의 원인을, 오른쪽에는 그 결과를 쓰면서 이야기의 핵심을 알고, 정리하는 방법이에요. 때에 따라서는 원인이나 결과가 하나가 아니라 여러 가지가 있어 복합적으로 작용하기도 해요.

예 『오즈의 마법사』를 읽고, 원인과 결과로 정리하기

『오즈의 마법사』에 나오는 인물과 사건은 변화 과정이 뚜렷해서 화살표로 정리하기가 좋아요. 그래서 이야기의 흐름에 따라 먼저 일어난 일을 화살표 앞에, 그 결과를 화살표 뒤에 쓰면 되지요. '도로시와 토토가 회오리바람이 불어 오즈의 나라에 떨어짐 → 여러 가지 사건을 해결한 후 은 구두의 마법으로 다시 집에 옴 / 허수아비는 뇌가 없음 → 매일 새로운 걸 배우고 있어 뇌가 필요 없음 / 양철 나무꾼은 심장이 없음 → 심장이 없어도 이미 사랑이 있음 / 겁쟁이 사자는 용기가 없음 → 두려움을 이기고 위험에 맞서는 진정한 용기가 생겼음'과 같이 정리하면 원인(이야기의 시작)과 결과(이야기의 결과)가 뚜렷이 보인답니다.

둥글둥글, 훌라후프에 써보자
● 벤 다이어그램으로 정리하기 ●

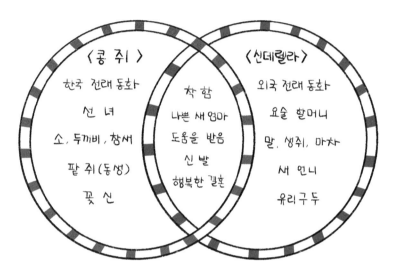

▲ 『콩쥐팥쥐』와 『신데렐라』를 읽고 벤 다이어그램으로 정리한 예

■■■ 벤 다이어그램은 수학의 집합 단원에서 나와요. 여기에서 벤 다이어그램은 원 2개를 겹쳐서 그렸을 때 서로 겹치는 가운데 부분이 양쪽의 성질을 모두 포함한다는 개념을 눈으로 보기 쉽게 정리하는 글쓰기에 이용한 거예요. 간단한 원 2개만으로도 아이의 흥미를 유발하지요. 벤 다이어그램을 이용하면 2개의 관계를 직관적인 그림으로 나타낼 수 있어 차이가 확연히 드러나고, 이야기의 뼈대를 잡아주기 때문에 줄거리를 이해하거나 논리적인 글쓰기를 할 때 많은 도움이 된답니다.

여기서는 벤 다이어그램의 원으로 훌라후프를 이용했지만, 귀여운 형태의 동 그란 그림(오뚝이, 눈사람 등)으로 해도 좋아요. 하나의 이야기 또는 2개의 이야 기로 비교할 수 있으며, 비교 대상이 2개 이상일 때는 원을 3개까지 그리는 것 도 가능하답니다.

예 『은혜 갚은 꿩』과 『은혜 갚은 두꺼비』를 읽고, 벤 다이어그램으로 정리하기

우리나라의 전래 동화에는 은혜를 갚은 동물들의 이야기가 많이 있어요. 그중에서 『은 혜 갚은 꿩』과 『은혜 갚은 두꺼비』는 이야기의 흐름이 비슷해서 처음으로 벤 다이어그 램을 접할 때 적용하기 좋아요. 먼저 2개의 원을 가운데가 겹치도록 그린 후에 동화의 같은 점과 다른 점을 씁니다. 2개의 원이 겹치는 부분에는 '동물이다, 은혜를 갚는다, 죽어서 양지바른 곳에 묻힌다'를 쓰고, 각각 다른 점을 나타내는 원의 나머지 부분에는 '은혜 갚은 꿩-선비의 도움으로 새끼가 살았다, 커다란 구렁이가 나온다, 꿩이 머리를 박아 종을 친다', '은혜 갚은 두꺼비-소녀가 사랑으로 키운다, 커다란 지네와 싸운다, 두 꺼비가 지네를 죽이고 자신도 죽었다'를 쓰면 두 이야기를 한눈에 비교할 수 있지요.

왈강달강, 손가락에 써보자
● 5Finger Retell 기법으로 정리하기 ●

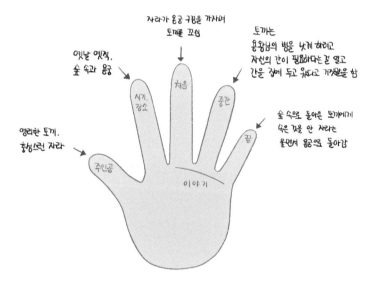

자라가 용궁 구경을 가자며
토끼를 꼬심

옛날 옛적,
숲 속과 용궁

토끼는
용왕님의 병을 낫게 하려고
자신의 간이 필요하다는 걸 알고
간을 집에 두고 왔다고 거짓말을 함

영리한 토끼,
충성스런 자라

숲 속으로 돌아온 토끼에게
속은 것을 안 자라는
울면서 용궁역 돌아감

시기.
장소

처음

중간

끝

주인공

이야기

▲ 「토끼와 자라」를 읽고, 5Finger Retell 기법으로 정리한 예

■■■ 5Finger Retell 기법은 5개인 손가락처럼 5가지로 핵심을 잡아 요약하는 방법이에요. 그래서 아이와 손가락을 접으며 말로 표현하고 글로 옮기기에 좋아요. 5개의 뼈대를 잡을 때 초등 저학년까지는 주인공, 이야기가 일어나는 장소와 시기, 이야기의 초반, 중반, 후반에 일어나는 주요 사건을 나눠 요약하고, 고학년은 주요 사건을 하나로 해서 문제점이나 해결책까지 좀 더 세밀하게 다루지요. 큰 사건을 중심으로 시작과 마무리가 지어지는 이야기를 정리할 때 좋은 방법이에요.

엄지손가락은 주인공, 두 번째 손가락은 이야기가 펼쳐지는 장소와 시기, 세 번째 손가락은 이야기 초반, 네 번째 손가락은 이야기 중반, 새끼손가락은 이야기의 결말을 쓰며 정리해보세요.

예 『이상한 나라의 앨리스』를 읽고, 5Finger Retell 기법으로 정리하기

먼저 엄지손가락에는 주인공인 '앨리스'를 쓰고, 두 번째 손가락에는 '토끼굴에 빠져서 들어가게 된 이상한 나라'를 써요. 이어서 세 번째 손가락에는 이야기의 시작인 '앨리스가 회중시계를 든 토끼를 따라가다가 이상한 나라로 들어감', 네 번째 손가락에는 '앨리스의 몸이 커졌다가 작아지기도 하고, 이상한 동물들과 만나 기상천외하고 엉뚱한 일을 겪음', 마지막으로 새끼손가락에는 '하트 여왕의 카드 병사들이 앨리스를 덮치려 할 때 낮잠에서 깨어남' 정도로 써서 정리하면 된답니다.

꿈틀꿈틀, 애벌레에 써보자
● KWL 기법으로 정리하기 ●

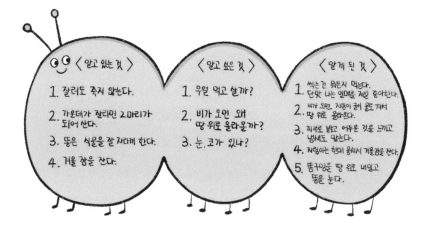

> **〈알고 있는 것〉**
> 1. 잘려도 죽지 않는다.
> 2. 가운데가 잘리면 2마리가 되어 산다.
> 3. 땅은 식물을 잘 자라게 한다.
> 4. 겨울 잠을 잔다.

> **〈알고 싶은 것〉**
> 1. 무얼 먹고 살까?
> 2. 비가 오면 왜 땅 위로 올라올까?
> 3. 눈, 코가 있나?

> **〈알게 된 것〉**
> 1. 썩는 건 무든지 먹는다. 단맛 나는 열매를 제일 좋아한다.
> 2. 비가 오면, 지렁이 굴에 물이 차서 땅 위로 올라온다.
> 3. 피부로 밝고 어두운 것을 느끼고 냄새도 맡는다.
> 4. 지렁이는 한데 뭉쳐서 겨울잠을 잔다.
> 5. 똥구멍은 땅 위로 내밀고 똥을 눈다.

▲ 「지렁이 굴로 들어가 볼래?」를 읽고, KWL 기법으로 정리한 예

■■■ 메타인지란 내가 무엇을 알고, 모르는지를 아는 능력이에요. 인지 능력 중에서도 고차원적이어서 상위 인지 또는 초인지라고도 해요. 메타인지가 높으면 현재 나의 학습 상태를 객관적으로 파악할 수 있어 그에 맞춰 계획을 세우고 점검하면서 스스로 학습 과정을 조정하기에 당연히 학업 성취도도 높지요. 메타인지를 기르는 방법 중 하나로 KWL 기법을 적용한 글쓰기가 있어요. 애벌레마다 마디의 수는 각각 다르지만, KWL 기법은 '3마디 애벌레' 그림을 사용해 책이나 이야기를 3가지 주제로 정리한답니다.

'KWL'에서 'K'는 'Know'의 약자로 내가 이미 알고 있는 것, 'W'는 'Want'의 약자로 내가 알고 싶은 것, 'L'은 'Learn'의 약자로 새롭게 배우게 된 것을 의미해요. 그래서 KWL 기법으로 글쓰기는 설명문이나 과학 동화 등을 읽고 활용하는 것이 효과적이랍니다.

예 『흰긴수염고래』(제니 데스몬드, 고래뱃속, 2017)를 읽고, KWL 기법으로 정리하기

'K'는 책을 읽기 전에 아이가 이미 알고 있는 것으로 ① 고래는 몸집이 크다, ② 고래는 깊은 바다에 산다, ③ 고래는 포유류이다, 정도를 쓸 수 있어요. 'W'에는 아이가 흰긴수염고래에 대해 알고 싶은 것을 적어봅니다. ① 얼마나 살까?, ② 짝짓기를 어떻게 할까?, ③ 우리나라 바다에서도 살까? 등이 있겠지요. 이제 책을 꼼꼼히 여러 번 읽으면서 'L'에는 알게 된 것을 씁니다. ① 고래 귓속에 귀지를 이용하면 정확한 나이를 알 수 있다, ② 한 번 숨을 내쉬면 풍선 2,000개 정도를 불 수 있다, ③ 뱃고동 소리와 비슷한 고래의 소리는 친구와 하는 대화다, ④ 세계 모든 바다에서 흰긴수염고래를 만날 수 있다, ⑤ 겨울에는 적도 가까이 따뜻한 곳으로 움직여 임신한 암컷이 그곳에서 새끼를 낳는다 등을 쓰면 한눈에 정리되지요.

차곡차곡, 벌집에 써보자
● 육하원칙으로 정리하기 ●

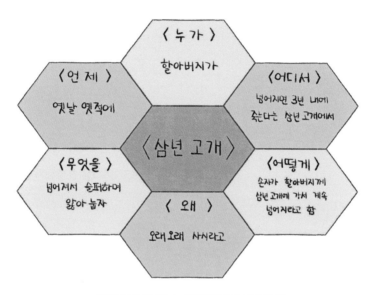

〈 누가 〉
할아버지가

〈 언제 〉
옛날 옛적에

〈어디서 〉
넘어지면 3년 내에 죽는다는 삼년 고개에서

〈삼년 고개〉

〈무엇을 〉
넘어져서 숨퍼하여 앓아 눕자

〈어떻게 〉
손자가 할아버지께 삼년 고개에 가서 계속 넘어지라고 함

〈 왜 〉
오래오래 사시라고

▲ 「삼년고개」를 읽고, 육하원칙으로 정리한 예

■■■ 육하원칙은 영어 단어의 머리글자를 따서 '5W1H'라고도 해요. 누가Who, 언제When, 어디서Where, 무엇을What, 어떻게How, 왜Why로 정리하는 것이지요. 명확한 전달이 필요한 보도 기사나 역사 기록 등 논리적인 글을 쓸 때 아주 유용한 방법이에요. 아이가 평상시 일기나 독후감 등을 쓸 때 뭐라고 써야 할지 몰라 막막해한다면 육하원칙으로 정리하게 해보세요. 그러면 글쓰기가 아주 수월해지지요. 육하원칙에 맞춰 생각하게 되면 문제 상황을 빠르고 정확하게 분석할 수 있어 결정을 내릴 때도 도움이 된답니다.

벌집은 육각형 모양이라 6가지로 나눠서 쓰기에 좋아요. 육하원칙으로 나눠서
써본 후에는 정리된 이야기를 한 문장으로 쓰거나 길면 두세 문장으로 옮겨보
는 것까지 꼭 진행해보세요. 아이의 표현 능력이 일취월장할 거예요.

예 『잭과 콩나무』를 읽고, 육하원칙으로 정리하기

벌집의 가운데 부분에는 책 제목인 '잭과 콩나무'를 쓰고, 그 주변에는 육하원칙에 따라
서 하나씩 써요. '누가-잭이 / 언제-팔려고 했던 소와 맞바꾼 콩을 엄마가 마당으로 던
진 다음 날 / 어디서-구름 속까지 들어간 콩나무를 타고 올라간 거인의 집에서 / 무엇
을-보물을 훔친 후 잭이 먼저 땅에 도착해 거인을 죽였다 / 어떻게-콩나무를 도끼로 베
어 쓰러뜨려서 / 왜-엄마와 행복하게 살려고' 정도로 이야기를 정리하면 된답니다.

4장

책놀이, 체계적으로 문해력의 기반을 완성한다

책놀이를
해야 하는 이유

문해력이 아이 안에
뿌리를 내리는 시간

문해력 교육의 필요성이 곳곳에서 제기된 지 벌써 2년, 그렇다면 아이의 문해력을 키워줘야 하는 이유는 무엇이라고 생각하나요? 누가 뭐래도 최종 목표는 탄탄한 문해력을 바탕으로 아이가 공부를 잘하게 되는 것일까요? 반은 맞고, 반은 틀린 말입니다. 문해력, 말 그대로 문자를 읽고 쓰는 능력이에요. 당연히 읽기 능력이 탁월한 아이가 공부를 잘할 수밖에 없지 않을까요? 문해력이 뛰어나면 교과서를 읽고 이해해 시험 문제를 해석하고 표현해내는 일을 잘할 테니까요. 물론 집중력이나 자기 조절력, 또 학년이 올라갈수록 체력도 뒷받침되어야 하겠지만요. 하지만 우리는 공부에 앞서 근본적으로 아이가 세상을 바르게 보고, 풍요로운 삶을 살아가기를 바랍니다. 그러려면 독서가 아이의 삶에서 여가 활동의 하나로 굳건히 자리를 잡아야 해요. 문해력이 아이 안에 단단히 뿌리를 내릴 수 있도록, 독서가 즐거운 여가 활동이 될 수 있도록 '책놀이'를 해야 하는 이유입니다.

초등학교 입학이 코앞으로 다가왔는데도 아이가 아직 한글을 떼지 못하면 엄마는 초조하고 불안해집니다. 하지만 지금까지의 많은 연구 결과가 말해주듯 한글을 터득하는 시기와 학업 성취도는 크게 상관이 없어요. 오히려 읽기 준비가 되어 있지 않은 아이를 무리하게 가르치면 장기적으로는 학업 문제를 일으킬 수 있으니, 조금은 느긋한 마음으로 한글을 가르치는 적기는 아이가 관심을 가질 때라고 생각하면 됩니다. 아이의 읽기 발달 단계상 초등 1,2학년은 '읽기 입문기'로 음성 언어에서 문자 언어로 나아가는 단계예요. 이 시기에 소리와 글자의 관계를 인지하며 읽을 수 있는 것이지요. 사실 한글을 언제 떼느냐보다는 '읽기 유창성'을 초등 2학년 때까지는 키워줘야겠다고 생각하는 것이 더 중요해요.

'읽기 유창성'이란 막힘없이 부드럽게 읽는 것을 뜻합니다. 읽기 유창성을 키워주는 가장 좋은 방법은 '소리 내어 읽기(음독, 낭독)'예요. 아이들이 한글을 막 뗐을 때는 큰 소리로 읽지만, 여기서 조금만 익숙해지면 바로 묵독(소리 내지 않고 마음속으로 읽음)으로 넘어가려고 하거든요. 그래서 티 내지 않고 재미있게 소리 내어 읽을 수 있는 다양한 방법을 최대한 동원해야 합니다. 이를테면 엄마와 한 문장 또는 한 쪽씩 교대로 읽기, 인형이나 반려동물에게 책 읽어주기, 역할 정해 읽기 등이 있지요. 음독이 부드러워지면 어절 단위로 끊어서 읽는 '끊어 읽기'를 알려주세요. 내용을 이해하는 데 훨씬 더 효과적이랍니다.

책놀이의 효과를
극대화시키는 방법

문해 환경에서 가장 중요한 것은 호감을 느끼는 사람이 책 읽는 모습을 보는 것입니다. 이른바 미러링 효과Mirroring Effect로, 엄마가 흥미롭게 책을 읽고 있다면 아이도 어느 순간 책을 펼치게 되겠지요. "책 읽어라!"가 아니라 "우리 같이 책 읽을까?"라고 말하면서 책 읽기를 시작해주세요. 또 태아 때부터 한글을 떼지 못했을 때는 물론이고, 초등 저학년, 아니 아이가 거부할 때까지 품에 안고 책을 읽어주세요. 누가 뭐래도 다정하게 책 읽어주는 엄마가 최고예요. 아무런 목적 없이, 그저 아이가 좋아하는 책을 읽어주는 것만으로도 충분합니다.

'함께 읽기', '책 읽어주기' 못지않게 중요한 또 하나가 바로 '반복 읽기'예요. 그림책은 대부분 텍스트가 적기 때문에 다독(많은 책을 읽는 것)으로 자연스럽게 연결됩니다. 하지만 같은 책을 반복해서 여러 번 읽는 것이 효과 면에서는 훨씬 더 월등하지요. 예를 들어 『곰 사냥을 떠나자』를 읽는다면 특정 문장을 정한 후 신호(손잡기, 무릎 치기 등)를 주면 읽는 방법, 의성어·의태어를 강조하며 읽는 방법, 작은 글씨는 작게 큰 글씨는 크게 읽는 방법 등이 있어요.

아이들은 '호기심'이라는 긍정의 무기를 장착하고 있습니다. 그래서 새롭고 신기한 것을 좋아하고 궁금한 것을 경험하고 싶어 하는데, 특히 몸으로 직접 부딪쳐보기를 간절히 원하지요. 책을 몸으로 읽게 하는 방법이 바로 책놀이입니다. 독서 전후는 물론 독서 중에 하는 모든 활동이 책놀이에 포함되지요. 내용에 따라 책을 효과적이고 반복적으로 읽을 수 있게 하는 방법인 '책 읽기 놀이', 어렵고 따분한 독후감 쓰기가 아닌 책의 특징을 살려 여러 가지 글을 놀이처럼 써보는 '책 쓰기 놀이', 그리고 간단하게 책 형태를 만든 후 그 안에 나만의 이야기를 담아보는 '책 만들기 놀이'를 아이와 하나씩 해보세요. 책 속에 길이 있고, 또 문해력도 있습니다.

※ 책놀이에서 소개하는 그림책은 예시일 뿐입니다. 각각의 놀이마다 '그림책 유형'을 제시해놓았으니 각 가정에 있는 비슷한 그림책으로 책놀이를 진행하면 됩니다.

읽고 쓰고 만들며 즐기는
책놀이 44

책 읽기 놀이

표정 놀이 • 작은 그림 찾기 • 반복 문장 읽기 • 마법의 주문 만들기
따라쟁이 놀이 • 그림 추론 놀이 • 상상 놀이 • 희망사항 놀이 • 인터뷰 놀이
순서대로 맞추기 • 패러디 놀이 • 빛과 그림자놀이 • 바르게 읽기
띄어 읽기 • 역할놀이 • 캐릭터 놀이 • 선물 놀이 • 오감 읽기
시 낭송 놀이 • 판사 놀이 • 직업 찾기 • 토론 놀이 • 독서 퀴즈

책 쓰기 놀이

별점 주기 • 이름 짓기 • 책 제목 바꾸기 • 황금 문장 쓰기
책 제목 연결하기 • 말풍선 놀이 • 익은말 놀이 • 사전 찾기
상장 만들기 • 규칙 쓰기 • 레시피 쓰기 • 지도 그리기
설계도 그리기 • 마음 사전 만들기 • 홍보 글쓰기
처방전 쓰기 • 4컷 만화 그리기 • 시화 전시 놀이

책 만들기 놀이

아이스크림 책 만들기 • 공룡 책 만들기 • 도레미 책 만들기

나 따라 해봐라, 이렇게
● 표정 놀이 ●

※ 그림책 유형: 풍부한 표정 또는 동작이 그려진 그림책

주인공이나 등장인물의 표정이 살아 있는 그림책이 있어요. 화난 표정, 놀란 표정, 억울한 표정, 부끄러운 표정 등 다양한 표정의 그림을 보며 따라 해보세요. 감정 이입을 해서 책 읽기의 몰입도가 높아지는 것은 물론 상대방의 상황을 이해할 수 있게 되어 사회성도 발달하지요.

행복한 읽기 과정

1. 우리, 주인공 모습을 잘 보면서 읽어보자.

"주인공은 왜 이런 표정을 지었을까?"

"주인공은 지금 어떤 어려움을 겪고 있는 걸까?"

2. 주인공의 표정을 따라 한 우리 ○○의 사진을 찍고, 비교해볼까?

TIP 출력할 수 있다면 사진을 출력해서 같은 표정이 있는 페이지에 붙여주세요.

"어떤 것 같아? 그림과 비슷한 것 같아?"

"같은 표정을 지어서 주인공의 기분까지 느낄 수 있었니?"

＊ 엄마도 주인공의 표정을 따라 한 후 아이가 사진을 찍도록 해서 책 안의 그림, 아이의 표
정 사진과 함께 놓고 비교해보세요. 만약 사진을 찍을 수 없다면 거울을 앞에 두고 따라
해도 좋아요. 함께 그림을 보고 따라 하다 보면 아이의 입가에 미소가 떠나지 않을 거예
요. 놀이 후 해당 페이지에 사진까지 붙여놓는다면 이 책을 볼 때마다 즐거운 기억이 떠
오르겠지요?

『생각하는 ㄱㄴㄷ』 | 이지원 글·이보나 흐미엘레프스카 그림 | 논장 | 2005

한글 자음을 활용한 그림을 보면서 형태와 의미를 사물에 연결하고 상상력을
발휘해 자연스럽게 한글을 익히도록 구성된 이야기

예 **몸으로 자음 만들기 놀이:** 양손이나 몸으로 자음을 만들어보세요. 엄마와 함께 상의해서
만들면 훨씬 더 재미나지요. 이때 사진으로 남겨두면 행복한 추억이 된답니다.

『눈물바다』 | 서현 | 사계절 | 2009

온종일 속상한 일의 연속이었던 주인공이 울음으로 좋지 않은 감정을 씻어내

치유하는 이야기

예 **이불 끌기 놀이**: 낡은 이불에 아이를 태워 온 집 안을 신나게 끌고 다녀요. 그러고 나서 책 속의 주인공처럼 나를 속상하게 했던 것들을 큰 소리로 외쳐보게 하세요.

『**용기를 내, 비닐장갑!**』 | 유설화 | 책읽는곰 | 2021

비닐장갑은 학교에서 제일가는 겁쟁이지만 선생님과 친구들이 위험에 빠지자 용기를 내어 행동하는 이야기

예 **비닐장갑 놀이**: 비닐장갑을 손에 끼고 네임펜으로 귀여운 주인공의 표정을 그린 후 입으로 바람을 불어 빵빵해지면 테이프를 붙여 입구를 막아 비닐장갑 장난감을 만들어요. 책에서 비닐장갑의 대사가 나오면 직접 만든 비닐장갑 장난감을 움직이면서 감정을 이입해 읽어보세요.

눈을 크게 뜨고 찾아라
● 작은 그림 찾기 ●

그림이 숨겨져 있거나 아기자기한 그림들이 가득 그려진 그림책이 있어요. 그림책을 읽는 목적이 그림을 찾거나 숫자를 세는 것은 아니지만, 같은 책을 여러 번 반복해서 다양한 방법으로 재미있게 읽는다면 책 읽기는 그 자체로 즐거운 놀이가 되지요. 숨은 그림찾기처럼 은밀하게 숨겨진 그림이나 정해진 낱말을 찾는 활동으로 관찰력, 집중력, 과제 수행 능력을 키워주세요.

 행복한 읽기 과정 ···

1. 우리, 그림을 자세히 보며 읽어보자.

   "이 책에는 어떤 그림이 많은 것 같아?"

   "자세히 보니 같은 □□ 그림이라도 정말 다양하네."

   TIP □□는 예를 들어 『돼지책』이라면 '돼지'를 말해요. 이처럼 책 속의 작은 그림을 소재로 다루면 됩니다.

2. 작은 그림을 찾아서 세어보는 게임을 해볼까?

   "이번 페이지에는 은근히 숨겨진 □□ 그림이 정말 많아."

   "눈을 감고 책을 펼쳐서 우리가 정한 그림이 많이 나오는 사람이 이기는 게임하자."

* 앤서니 브라운의 『돼지책』에는 작은 돼지 그림이 곳곳에 숨겨져 있고, 『고릴라』에는 모나리자와 자유의 여신상이 고릴라로 표현되었으며, 시리얼 통이나 전등갓 등에도 고릴라 그림이 그려져 있어요. 이처럼 책 속에서 은밀하게 묘사된 그림을 찾아보는 일은 아주 흥미롭지요. 그림을 찾아보는 일에서 그치지 말고, 다양한 게임으로 즐겨보세요.

『돼지책』 | 앤서니 브라운 | 웅진주니어 | 2001

엄마의 고마움을 알고 행복한 가족이 되기 위해 구성원의 역할을 생각해보는 이야기

예 돼지 찾기 게임: 가위바위보를 해서 순서를 정한 후 눈을 감고 책을 펼쳐요. 펼친 페이지에서 크고 작은 돼지 그림의 숫자를 세어 많은 사람이 승리하는 게임이에요.

『숲속 100층짜리 집』 | 이와이 도시오 | 북뱅크 | 2021

'100층짜리 집' 시리즈 중 하나로 책장을 넘기는 방식이 특이하고, 주인공이 10층마다 새로운 동물들을 만나는 이야기

예 작은 그림 찾기 게임: 페이지마다 조그만 그림들이 많이 있어요. 각각 문제로 낼 작은 그림(삼각자, 파란 붓, 분홍 꽃을 입에 문 애벌레 등)을 3개씩 선택한 후 상대방에게 말해요. "시작!" 소리와 함께 상대방이 낸 작은 그림 3개를 찾아요. 각각 시간을 재서 빨리 찾는 사람이 승리하는 게임이에요. 찾아야 할 작은 그림의 숫자는 줄이거나 늘릴 수 있지요.

『7년 동안의 잠』 | 박완서 글·김세현 그림 | 어린이작가정신 | 2015

7년 동안 잠들어 있던 매미 애벌레를 발견한 개미들의 이야기

예 개미와 매미 글자 찾기 게임: 묵찌빠를 해서 각각 '개미'와 '매미'를 정한 후 눈을 감고 책을 펼쳐요. 펼친 페이지에서 개미와 매미 글자의 숫자를 세어 많은 사람이 이기는 게임이에요.

딩동, 볼을 살짝 콕
● 반복 문장 읽기 ●

※ 그림책 유형: 반복되는 문장이 있는 그림책

그림책은 마주 보고 읽는 것보다는 옆에 꼭 붙어 앉아 읽는 것이 더 좋아요. 아이들의 그림책은 반복되는 상황, 반복되는 그림, 반복되는 문장이 나오는 경우가 많지요. 반복되는 부분이 나올 때마다 옆에 앉아 있는 아이의 머리를 살짝 만지거나 발가락을 꼼질꼼질해보세요. 이렇게 장난스럽고 따뜻한 느낌을 느껴보는 것만으로도 오늘의 책 읽기는 대성공이에요.

행복한 읽기 과정

1. 우리, 이 책에서 자주 나오는 말이 무엇인지 잘 살펴보자.

   "엄마가 읽어볼 테니 어떤 말이 반복해서 나오는지 들어봐."

   "어디에서 나왔는지, 언제 나왔는지 생각해보자."

2. 엄마가 읽다가 네 볼을 살짝 찌르면 반복되는 문장은 네가 읽는 거야.

   "이 책에서는 왜 반복해서 같은 문장이 나올까?"

   "볼을 콕 찌르는 행동 말고, 다른 신호로 바꿔보자."

> *아이가 아직 한글을 모르더라도 해야 할 역할을 주면 더 열심히 들어요. 여기서 역할은 엄마가 작은 신호를 주면 아이가 약속한 행동을 하는 거예요. 이를테면 책을 읽다가 책장을 넘길 때가 되면 엄마가 고개를 까딱이거나, "딩동"이라고 말하면 아이가 넘기는 것이지요. 또 반복되는 문장이 나오는 그림책을 읽을 때는 그 문장이 어떤 것인지를 찾은 후 신호를 정하세요. 아이의 볼을 살짝 콕 찌르거나, 아이의 손을 꼭 잡는 행동 같은 거예요. 신호는 함께 정하면 돼요. 이렇게 읽으면 아이가 더 집중해서 듣는답니다.

『야, 우리 기차에서 내려!』 | 존 버닝햄 | 비룡소 | 1995

기차놀이를 좋아하는 주인공이 꿈속에서 여러 동물을 만나며 기차 여행을 하는 이야기

예 반복 문장 놀이: 엄마가 책을 읽다가 "야, 우리 기차에서 내려!"라는 문장이 나오면 신호(입으로 바람 불기, 옆구리 살짝 찌르기 등)를 줘서 그 부분만 아이가 읽게 하는 놀이예요. 물론 역할을 바꿔서 또 읽으면 더 좋지요.

『곰 사냥을 떠나자』 | 마이클 로젠 글·헬렌 옥스버리 그림 | 시공주니어 | 1994

온 가족이 곰 사냥을 떠났는데, 막상 곰을 보니 무서워 허겁지겁 집으로 돌아와 이불 속으로 들어가는 사랑스러운 이야기

예 생동감 있게 읽는 놀이: 이 책에는 연속으로 4문장이 종종 반복돼요. 처음에는 한 문장만 신호를 주면 읽게 하다가 점차 4문장 모두를 읽게 해보세요. 또 의성어, 의태어가 나오는 부분은 글씨 크기에 따라 작게 혹은 크게 읽어보세요.

『나는 기다립니다…』 | 다비드 칼리 글·세르주 블로크 그림 | 문학동네 | 2007

아기가 자라 노인이 될 때까지 삶의 많은 과정을 빨간 실 하나로 연결하며 마음에 울림을 주는 이야기

예 교대로 읽는 놀이: '나는 기다립니다.'라는 문장이 나오면 다음에 그 문장이 나올 때까지 한 사람이 읽고 교대해요.

반짝반짝 빛날 너를 응원해
● 마법의 주문 만들기 ●

※ 그림책 유형: 주인공을 위로하고 싶은 그림책

아이가 의기소침해지고, 좌절감을 느끼며, 열심히 노력하는 것 같은데 결과가 바로 보이지 않으면 엄마로서 안타까운 마음이 들기도 해요. 이럴 때 주인공을 위로하고, 또 응원해주고 싶어지는 그림책을 읽어주세요. 주인공의 마음을 헤아리는 공감 읽기가 가능해지고, 자기 이해의 폭을 넓힐 수 있는 것은 물론 자신의 감정이나 의견을 말하는 데 큰 도움을 주지요.

 행복한 읽기 과정 ···

1. 우리, 주인공의 마음을 느끼면서 천천히 읽어볼까?

   "주인공이 지금 바라는 게 뭘까?"

   "혹시 우리 ○○도 이런 감정을 느낀 적이 있었니?"

2. 주인공을 위로하는 마법의 주문을 만들어서 외쳐보자.

   "어떤 말을 해주면 힘이 날까? 다른 동화책이나 만화에서 본 마법의 주문은 뭐가 있을까? 수리수리 마수리, 비비디 바비디 부, 열려라 참깨."

   "우아, 여러 가지가 있네. 그럼 우리가 주인공을 위한 주문을 만들어보자."

* 아이가 주인공에게 자신의 모습을 투영하며 감정 이입을 하게 하려면 적절한 질문을 사용해야 해요. "주인공은 왜 이런 표정을 짓고 있을까?", "주인공은 지금 어떤 어려움을 겪고 있는 것 같아?", "주인공은 어떤 생각을 하고 있을까?", "주인공에게 어떤 말을 해주고 싶어?" 등과 같이 질문하고, 아이가 자신의 이야기를 하고 싶어 하면 담백하게 들어주세요. 그런데 대답하기를 꺼리면 그냥 과하지 않게 책만 읽어줘야 해요. 아이가 말하고 싶어질 때를 기다리는 것도 엄마의 미덕입니다.

그림책읽기놀이

『작은 눈덩이의 꿈』| 이재경 | 시공주니어 | 2016

친구 까마귀와 함께 꿈을 이루기 위해 용기 내어 도전하는 작은 눈덩이의 이야기

예 작은 눈덩이 응원 놀이: 책을 읽으며 작은 눈덩이를 응원하는 말(네가 해낼 거라 믿어, 아주 조금만 참으렴 등)을 포스트잇에 써서 붙여주세요.

『고슴도치 엑스』| 노인경 | 문학동네 | 2014

가시를 허용하지 않는 고슴도치 도시에서 가시를 세우며 나다운 모습을 찾아

가는, 용기 있고 씩씩한 주인공의 이야기

예 **아이를 성장시키는 질문 놀이:** 너도 정해진 규칙이 답답하다고 느낀 적이 있니?, 그럴 때
어떻게 하면 좋을까?, 도시의 이름은 왜 '올'일까?, '고슴도치X'도 뜻이 있을까?, 네가 올에
살았다면 어떻게 했을 것 같아? 등

고슴도치 만들기: 찰흙으로 몸통을 만들고, 가시는 나뭇가지나 이쑤시개를 이용해요.

「치킨 마스크 그래도 난 내가 좋아!」 | 우쓰기 미호 | 책읽는곰 | 2008

자신감이 없는 치킨 마스크가 모두가 다름을 인정하고 자기 자신을 좋아하게
되는 이야기

예 **종이봉투 가면 놀이:** 시중에서 쉽게 구할 수 있는 종이봉투에 간단히 얼굴을 그려 가면을
만들어 뒤집어쓴 다음, 치킨 마스크나 자신을 위한 마법의 주문을 외쳐보세요.

어깨가 들썩, 엉덩이는 씰룩
● 따라쟁이 놀이 ●

※ 그림책 유형: 춤추고 싶어지는 그림책

책 읽기는 차분히 앉아서 생각하는 정적인 활동 같지만, 숨차게 달리고 싶거나 춤추고 싶게 만드는 책이 있어요. 책 속 그림을 따라 하거나 창의적으로 움직이다 보면 자기표현이 되어 스트레스 해소는 물론 감정까지 순화시켜 정서적 만족감이 충만해지지요. 또 의성어와 의태어를 자연스럽게 접해 아이의 언어 표현력에 훨씬 더 생동감이 생긴답니다.

행복한 읽기 과정

1. 우리, 어깨를 들썩이게 만드는 책을 읽어보자.

   "이 책은 글자는 별로 없고, 신나게 춤추는 그림만 잔뜩 있네."

   "엄마랑 같이 여기 있는 그림을 따라서 춤춰보자. 둠칫 두둠칫!"

2. 지금 보니까 우리 ○○가 새로운 춤을 개발한 것 같아.

   "책에 있는 춤 그림과 우리 ○○가 추는 게 달라. 더 생동감이 느껴지는데?"

   "춤 이름을 뭐라고 지어볼까? 우리 ○○의 이름을 따서 '○○춤'이라고 하는 건 어때?"

* 요즘 아이들은 활동량이 많지 않아요. 몸과 마음이 움츠러져 있을 때는 춤추고 싶어지는 그림이 가득한 책이 최고지요. 그림책의 그림을 보며 따라 해도 좋고, 그냥 흐느적흐느적 움직이며 춤의 매력에 빠져보세요. 춤을 출 때 빠지면 섭섭한 것이 음악과 조명이에요. 다양한 음악을 틀어주는 것은 물론 주변을 어둡게 한 후 휴대폰 손전등 앱을 켜서 신나게 빛을 비춰주세요.

『**넌 어떻게 춤을 추니?**』| 티라 헤더 | 책과콩나무 | 2020

자신을 표현하는 가장 솔직하고도 유쾌한 방법이 춤을 추는 거라 믿는 사람들의 이야기

예 **나만의 춤 놀이**: 책 속에 얼굴, 손가락, 발가락 춤은 물론 새로운 춤 동작이 많이 나와요. 직접 하나씩 따라 해보고 아이만의 춤도 만들어보게 하세요. 아이가 춤에 빠져 있는 모습을 사진이나 동영상으로도 남겨주세요.

『달밤에』 | 이혜리 | 보림 | 2022

함께 어울리며 즐겁게 몸으로 노는 즐거움을 알려주는 보름달처럼 환하고 둥근 사자 이야기

> 예 **따라쟁이 놀이**: 책 속의 아이들처럼 신나게 춤추고 놀아보세요. 또 책 속의 그림처럼 연필만 가지고 그림을 그려볼 수 있도록 연필과 질감이 있는 종이를 제공해주세요.

『어느 우울한 날 마이클이 찾아왔다』 | 전미화 | 웅진주니어 | 2017

우울한 사람에게 찾아가 다짜고짜 함께 춤을 추며 우울감을 날려버리는 춤추는 공룡의 이야기

> 예 **우울감 날리는 놀이**: 마이클은 우울한 사람한테만 찾아간다는데, 책 속의 인물들이 왜 우울한 마음인지 상상해서 이야기해보세요. 또 우울한 마음이 들었을 때 어떻게 하면 기분이 좋아지는지 말하고 행동(춤추기, 노래하기, 그네 타기 등)으로 옮겨보세요.

그림이 뭐라고 말하는 걸까
● 그림 추론 놀이 ●

※ 그림책 유형: 한쪽 면에만 글자가 있는 그림책

한글을 떼고 나면 그림책을 펼쳤을 때 글자를 읽을 수 있기에 이야기를 상상하는 데 방해가 되기도 하지요. 책 중에는 펼쳤을 때 한쪽 면에만 글자가 있는 경우가 있어요. 글이 있는 부분을 종이로 가린 채 그림만 보고 이야기를 만들거나, 엄마가 충분히 읽어준 다음에 아이가 기억해서 이야기하게 해보세요. 기억력은 물론 추리력, 연상 능력, 문장 구사력까지 키워준답니다.

행복한 읽기 과정

1. 우리, 읽기 전에 이 책이 다른 책과 뭐가 다른지 볼까?

   "이 책은 펼쳐보니 어떤 특징이 있는 것 같아?"

   "그래, 한쪽에는 글자가 있고, 한쪽에는 그림이 있네."

2. 이제 글자는 살짝 가리고 그림만 보면서 엄마한테 이야기해줄 수 있을까?

   "글자가 있는 쪽을 가려볼 텐데 어떤 방법이 좋을까? 흰 종이로 가려볼까?"

   "어떤 내용이었는지 기억나니? 원래 동화와 똑같지 않아도 괜찮으니 우리 ○○가 이야기를 만들어서 들려줘."

＊ 글자가 한쪽 면에만 있는 그림책을 읽을 때는 2가지 방법을 사용할 수 있어요. 이야기 꾸미기를 잘하는 아이라면 처음부터 글자 있는 곳을 종이로 가리고 그림을 보면서 자유롭게 이야기하도록 하면 됩니다. 아이의 이야기가 끝났을 때 감탄만 해주면 되겠지요. 또 다른 방법은 엄마가 몇 번이고 충분히 읽어준 다음, 글자 있는 곳을 종이로 가리고 아이가 들었던 내용을 기억하며 이야기하도록 해주세요. 원작과 달라도 물론 괜찮습니다.

『네가 태어난 날엔 곰도 춤을 추었지』 | 낸시 틸먼 | 내인생의책 | 2009

아이의 탄생은 가족뿐만 아니라 온 세상이 기뻐하며 반긴다는 감동을 안겨주는 이야기

예 아기 때 사진 보며 이야기 나누기: 그림책을 잔잔히 읽기만 해도 위로를 받지만, 그림만 보며 아이가 자유롭게 이야기를 만들도록 해주세요. 더불어 아기수첩이나 아기 때 사진을 함께 보며 축복받은 존재임을 강조하면서 자존감을 높여주세요.

『하늘을 날고 싶은 아기 새에게』| 피르코 바이니오 | 토토북 | 2019

알을 막 깨고 나온 아기 새의 꿈과 성장을 응원하는 이야기

예 그림 보며 상상하는 놀이: 이 책은 읽기 전에 글자가 있는 쪽을 종이로 가리고 아기 새가 어떤 몸짓을 하고 있는지 이야기해보게 하세요. 정답이 없으므로 자유롭게 이야기한 후 작가의 글을 함께 읽어보세요.

『연이와 버들도령』| 백희나 | 책읽는곰 | 2021

전래 동화 '연이와 버들잎 소년'을 작가의 시각으로 재해석해낸 그림책으로 연이가 버들도령을 만나고 주체적인 자아로 거듭나는 고난과 희망의 이야기

예 다양하게 읽기: ① 그림을 먼저 보고, ② 눈을 감도록 한 후 동화를 읽어주고, ③ 눈을 뜨고 그림을 보며 동화를 읽어보세요. 색다른 감상법이 될 거예요.

질문으로 깊이 더하기: 아이가 완전히 이해하기에는 쉽지 않은 내용이지만, 여러 가지 질문으로 깊이를 더해보세요. "연이는 어떤 마음일까?", "연이는 왜 이렇게 이야기할까?", "연이가 왜 울음을 터뜨렸을까?" 등 어떤 장면이 제일 마음 아픈지, 어떤 장면이 가장 위로가 되는지 등 깊이 있게 이야기를 나눠보세요.

상상의 나래를 펼쳐라
● 상상 놀이 ●

※ 그림책 유형: 글자가 없는 그림책

그림책은 보통 그림이 주가 되고 글이 적게 쓰인 형태가 대부분이지만, 그림만 주어지고 글자가 전혀 없는 책도 있지요. 이런 종류의 그림책을 접했을 때는 아이가 상상의 나래를 펼치며 흥미진진하게 이야기할 수 있도록 맞장구를 치면서 허용적인 분위기를 만들어주는 게 중요해요. 아이는 이야기를 만들며 상상력, 창의력, 이해력을 키우는 것은 물론 책을 볼 때마다 조금씩 체계가 잡혀가는 이야기로 사고를 조직화하며 추론하는 능력까지 발달시켜나갈 테니까요.

행복한 읽기 과정 ···

1. 아기가 보는 책도 아닌데 글자가 없는 책도 있단다. 함께 볼까?

   "이 책에는 글자가 하나도 없는데 어떻게 읽지?"

   "맞아, 그림만 보면서 책을 읽는 사람이 이야기를 만들어가야 해."

2. 이제 우리 ○○가 엄마에게 이 책을 재미나게 읽어주세요.

   "우리 ○○가 글을 쓰는 작가가 된 것처럼 이야기를 만들어가야 해."

   "이야기는 계속 변해도 좋으니 그림을 보며 상상하는 거야."

* 글자가 없는 그림책을 보면 아직 글을 깨우치지 못한 아기들이 읽는 책인가 싶지만, 알고 보면 그림만으로 책을 이해해야 해서 더 어려울 수도 있어요. 또 어른에게는 그림의 의도가 보이지만 아이들은 다르게 해석할 수도 있지요. "그래서 어떻게 됐을까?", "우아, 어떻게 그런 생각을 했어?", "맞아, 그럴 수도 있겠는걸" 등 엄마의 긍정적인 끄덕임과 호응에 따라 아이는 흥이 나서 계속 이야기를 만들어낸답니다.

『**세상에서 가장 용감한 소녀**』 | 매튜 코델 | 비룡소 | 2018

길을 잃은 아기 늑대를 돕는 친절하고 용기 있는 작은 소녀의 따뜻한 이야기

예 **말풍선 놀이**: 아기 늑대와 엄마 늑대가 뭐라고 이야기했을지 아이가 말하는 대사를 말풍선 모양의 포스트잇에 써서 해당하는 그림 옆에 붙여주세요. 색다르게 읽고 쓰는 재미가 있답니다.

『**케이크 도둑을 잡아라!**』 | 데청 킹 | 거인 | 2018

케이크를 훔쳐 간 도둑을 쫓아가는 이야기

예 **대상을 바꿔 이야기 만드는 놀이:** ① 훔쳐 간 케이크를 보며 이야기를 만들어요, ② 각 페이지에는 여러 동물(원숭이, 고양이, 돼지, 카멜레온, 개구리 등)이 나오는데 모두 각각의 이야기가 있어요, ③ 눈에 띄는 동물부터 따라가며 이야기를 만들어보세요.

『**구름공항**』 | 데이비드 위스너 | 시공주니어 | 2017

꼬마 구름을 만난 소년이 구름공항에 가서 자신이 원하는 구름 그림을 그리고 안전하게 돌아오는 이야기

예 **구름 그림 그리고 이름 짓기:** 책 속에 등장하는 소년은 물고기만 그렸지만, 원하는 구름 그림을 그리고 나서 각각의 구름 그림에 어울리는 이름을 지어주세요.

지금도 좋지만 딱 하나만요
● 희망사항 놀이 ●

※ 그림책 유형: 상대방에게 요구사항이 있는 그림책

전래 동화를 살펴보면 동서양을 막론하고 자식에게 헌신하고 희생하는 엄마와 구박을 일삼은 새엄마가 많이 등장하지요. 하지만 요즘 그림책에서는 개성 있는 엄마와 새로운 형태의 가족 구성에 관한 이야기가 눈에 띄어요. 엄마에 대한 그림책을 읽다 보면 내가 현재 엄마의 역할에 충실한지 돌아보게 되지요. 오늘은 솔직하게 아이가 엄마를 평가하는 이야기를 들어볼까요? 아이는 의사 표현력이 성장하고 정서적인 만족감까지 얻을 수 있을 거예요.

행복한 읽기 과정

1. 우리, 엄마가 많이 등장하는 책을 읽어보자.

   "제목을 보니까 어떤 내용일 것 같아? 표지 그림은 어떤 느낌이지?"

   "이 책에 나오는 엄마는 우리 ○○가 생각하기에 어떤 엄마인 것 같아?"

2. 이 책을 읽고, 엄마에게 바라는 점 하나만 이야기해줄래?

   "이 책에 나오는 엄마와 엄마의 다른 점은 뭐야?"

   "엄마가 고쳤으면 하는 것이 있니? 딱 하나만 이야기해주면 엄마가 고쳐볼게."

✻ "나는 엄마가 무조건 좋아요. 지금도 충분해요. 내가 엄마의 딸(아들)로 태어나서 정말 다행이에요." 이런 대답을 듣는다면 얼마나 행복할까요? 상상이 아니라 우리 아이의 음성으로 직접 들어보자고요. 또 아이에게 엄마가 고쳤으면 하는 점이 무엇인지도 묻고, 지키려고 노력하는 엄마가 되어보세요.

『착한 엄마가 되어라, 얍!』 | 허은미 글·오정택 그림 | 웅진주니어 | 2014

아이가 바라는 착한 엄마는 어떤 모습인지 귀여운 상상을 통해 보여주는 이야기

예 희망사항 놀이: 아이가 "착한 엄마가 되어라, 얍!"이라고 한 가지를 말하면 엄마가 들어주고, 엄마가 "착한 아이가 되어라, 얍!" 하면 아이가 한 가지 들어주는 약속을 하고 실천해보세요.

『엄마 자판기』 | 조경희 | 노란돼지 | 2019

같은 저자가 쓴 『아빠 자판기』와 함께 엄마(아빠)와 다양한 방법으로 재미있게 놀고 싶은 아이의 속마음을 들여다볼 수 있는 이야기

예 우리 엄마 자판기 놀이: 책 속의 엄마 자판기에는 6가지 기능이 있어요. 이 기능을 아이가 원하는 대로 바꿔보는 거예요. 6가지를 모두 바꿀 수도 있고, 몇 가지만 바꿔도 좋아요. 어떤 내용인지 의견을 말해보라고 해서 엄마가 수용 가능한 것은 들어주면 어떨까요?

『메두사 엄마』ㅣ키티 크라우더ㅣ논장ㅣ2018

아이를 위해 두려움을 깨고 세상 밖으로 나온 메두사 엄마의 성장 이야기

예 변화 이야기하기: 메두사 엄마는 아이를 위해 머리카락을 자르지요. 엄마는 아이를 낳고 기르며 어떤 점이 달라졌는지 아이와 눈을 마주 보며 진솔하게 이야기를 나눠보세요.

솔직히 말씀해주시겠습니까

● 인터뷰 놀이 ●

※ 그림책 유형: 특별한 주인공이 등장하는 그림책

세상의 모든 사람은 얼굴도 성격도 취향도 모두 달라요. 하지만 '학교에서는 ~해야 모범생이다', '공주라면 당연히 ~해야 한다' 등과 같은 관습이 있어 자신의 목소리를 내기가 힘들지요. 하지만 자기만의 신념을 가지고 당연함을 거부하며 주체적 삶을 찾아가는 용기 있고 당당한 주인공들이 등장하는 책이 있어요. 이런 책은 아이에게 공감 능력은 물론 다양성, 감수성, 개방성을 키워주니 많이 읽어주세요.

 행복한 읽기 과정

1. 우리, 조금 특별한 주인공들을 책에서 만나볼까?

   "주인공은 다른 사람(동물)과 뭐가 다른 것 같아?"

   "우리 ○○라면 어떻게 했을 것 같아?"

2. 주인공을 만나 자세한 이야기를 듣는 인터뷰 놀이를 해보자.

   "책 속의 주인공을 우리가 실제로 만날 수는 없지만, 그 입장이 되어 이야기해보자."

   "엄마가 먼저 기자처럼 물어볼게. 우리 ○○가 주인공처럼 말씀해주시겠습니까?"

* 주인공에 대해 좀 더 심층적으로 알아보기 위해 인터뷰 놀이를 해보세요. 질문하는 인터 뷰어(기자)와 대답하는 인터뷰이의 역할을 교대로 하는 거예요. 책을 좀 더 샅샅이 읽게 되고 역지사지의 경험을 하게 되지요. 주인공에게는 "어디에 살고 있나요?", "어떤 음식 을 좋아하나요?", "요즘 읽고 있는 책의 제목은 무엇인가요?"와 같은 구체적이고 단편적 인 질문을 건네며 인터뷰를 시작하는 게 좋아요. 절대 정답을 말할 필요도 없지만, 이야 기하다 보면 대답에 자신의 속마음을 담아내게 되지요. 인터뷰 놀이를 통해 아이가 책을 잘 이해하고 있는지에 대해서도 파악할 수 있어요.

『종이 봉지 공주』 | 로버트 문치 글·마이클 마르첸코 그림 | 비룡소 | 1998

왕자를 기다리는 것이 아니라 왕자를 구하러 가고, 당당하게 자신의 삶을 사는 공주 이야기

예 엘리자베스 공주 인터뷰 놀이: 용은 왜 왕자를 잡아갔을까요?, 용을 지치게 하는 방법은 어떻게 생각했나요?, 앞으로 어떻게 살아가실 생각인가요? 등

봉지 옷 만들기: 커다란 쇼핑백에 머리와 팔을 넣을 구멍을 뚫어 공주처럼 봉지 옷을 만들 어 입고 역할놀이를 해보세요.

『**프레드릭**』 | 레오 리오니 | 시공주니어 | 1999

월동 준비로 양식을 모으는 들쥐들 사이에서 홀로 다른 걸 모으며 사색하는 프레드릭의 이야기

> **예** 프레드릭 인터뷰 놀이: 색깔을 어떻게 모았나요?, 추운 겨울이 되면 친구들에게 어떤 이야기를 제일 먼저 들려주고 싶나요?, 혹시 일하기 싫어서 가만히 앉아 핑계를 댄 것은 아니었나요? 등

『**제가 잡아먹어도 될까요?**』 | 조프루아 드 페나르 | 베틀북 | 2002

인정 많은 늑대 루카스가 먹이를 찾는 이야기

> **예** 루카스 인터뷰 놀이: 설마 배가 덜 고팠던 것은 아닌가요?, 아이를 잡아먹는 거인이 만약 예의 바르게 행동했다면 잡아먹지 않았을까요?, 앞으로 당신의 먹이 리스트에는 어떤 것이 올라갈까요? 등

어디가 앞이고, 어디가 뒤야
● 순서대로 맞추기 ●

※ 그림책 유형: 시간의 흐름에 따라 구성된 그림책

시작과 결말이 있고, 과거에서 현재로 이어지는 내용, 즉 시간의 흐름에 따라 구성된 그림책은 보통 이야기가 탄탄합니다. 앞뒤의 연결 고리를 알고, 그 과정을 머릿속에 그리며 읽어나가야 책을 온전히 이해할 수 있어요. 읽으면서 뒤쪽의 내용이 궁금해지기에 한 호흡으로 쭉 읽어 내려가기가 수월하다는 장점도 있지요. 심상을 그리며 읽게 되어 사고의 조직화가 이뤄지고, 듣기 집중력, 이해력, 어휘력을 성장시킵니다.

행복한 읽기 과정

1. 우리, 어떤 일이 벌어지는 이야기인지 잘 읽어보자.

   "이 책에서는 어떤 중요한 사건이 벌어졌지?"

   "주인공이 한 말 중에서 가장 기억에 남는 말은 뭐야?"

2. 이야기 순서대로 그림을 놓아보자.

   "이 책에서 몇 장을 복사했어. 사건이 일어난 순서대로 놓을 수 있겠니?"

   "종이를 뒤죽박죽 섞어놓고 이야기를 만들어도 재밌겠다. 한번 해볼까?"

＊ 시간의 흐름에 따라 구성된 그림책은 이야기 전개상 중요한 몇 장면들을 복사해서 사용
하세요. 사진을 찍어 출력해도 좋지요. 책 장면을 복사한 여러 장의 종이를 순서대로 펼
쳐놓고 이야기를 해보는 거예요. 아이가 책의 내용을 기억해서 생각나는 대로 이야기를
해도 좋고, 상상해서 자기만의 구성으로 이야기를 꾸며도 물론 좋아요.

『휠휠 간다』 | 권정생 글·김용철 그림 | 국민서관 | 2003

이야기를 좋아하는 할머니와 할아버지가 나누는 대화를 듣고, 도둑이 도망갔
다는 우스개 전래 동화

예 **몸으로 표현하는 놀이**: 6개의 주요 문장(휠휠 온다, 성큼성큼 걷는다, 기웃기웃 살핀다, 콕 집
어먹는다, 예끼 이놈, 휠휠 간다)을 행동으로 표현하며 읽어보세요.

의태어 바꾸기: 6개의 문장 앞에 있는 의태어를 다른 표현으로 바꿔 문장을 만들어요. '휠
휠'은 '쌩쌩'이나 '어기적어기적'으로, '성큼성큼'은 '엉금엉금'이나 '쿵쾅쿵쾅'으로 바꿀 수
있겠지요.

『**눈아이**』 | 안녕달 | 창비 | 2021

어린이와 눈아이(눈사람)가 함께 놀고 기다리며 쌓아가는 예쁜 우정 이야기

> 예 **변화 과정 찾기 놀이:** 눈아이의 크기가 변해가는 과정과 계절이 바뀌는 것을 무엇을 보고
> 알 수 있는지 그림에서 찾아보세요.

『**작은 집 이야기**』 | 버지니아 리 버튼 | 시공주니어 | 1993

언덕 위에 아담하고 튼튼하게 지어진 집이 세월이 흘러 도시화로 폐가가 되었
지만, 다시 시골 마을로 옮겨지는 이야기

> 예 **순서대로 놀이:** 작은 집이 변해가는 모습을 복사한 그림을 순서대로 놓고 실감 나게 이야
> 기해보세요.

어라, 요런 이야기도 있네
● 패러디 놀이 ●

※ 그림책 유형: 고전을 새롭게 재해석한 그림책

"그래서 행복하게 살았답니다. 끝." 왕자와 공주 이야기의 결말은 대부분 결혼해서 행복하게 살았다는 거예요. 여기에 반기를 든 이야기들! 바로 패러디 동화의 한 가지 유형이랍니다. 작가가 시대상에 맞게 재해석하기 때문에 패러디 동화는 기발하지요. 동화를 처음부터 짓는 것은 막막하고 어렵지만, 알고 있는 동화의 결말을 바꾸거나 새로운 등장인물을 추가하는 등 수정하는 것은 오히려 수월해요. 비판적 사고력이 발달하는 패러디 동화를 만들어보세요.

행복한 읽기 과정

1. 우리가 알고 있는 이야기 같은데, 뭔가 조금 달라. 읽어보자!

   "어떤 이야기를 바꾼 것 같아?"

   "원래 알고 있는 이야기와 어떻게 다르지?"

2. 이번에는 우리 ○○가 새롭게 이야기를 바꿔보자.

   "원래 이야기는 그대로 두고, 결말 부분부터 이야기를 계속 이어나가도 재밌겠다."

   "새로운 등장인물을 추가해서 이야기를 바꿔보는 건 어때?"

＊ 어떤 책을 읽느냐도 중요하지만 어떻게 읽었느냐도 중요하지요. 이 시기에는 책이 재미 있다는 사실을 아는 것이 핵심이에요. 그 방법의 하나로 아이가 이야기의 결말을 굉장히 좋아하거나 실망할 때 아이가 직접 원작과 비교하며 패러디 동화를 지어보는 거예요. 아이의 이야기를 엄마가 받아 적어서 책 뒤편에 날짜와 함께 기록으로 남겨보세요.

『**슈퍼 토끼**』| 유설화 | 책읽는곰 | 2020

『토끼와 거북이』그 뒷이야기로, 경주에서 진 토끼의 이야기

예 **토끼 패러디 놀이**: 경주에서 진 토끼의 입장에서 아이의 생각대로 패러디해보세요. (슈퍼 토끼는 거북이들의 달리기 국가 대표 코치가 되다, 슈퍼 토끼가 자신의 이야기를 써서 베스트셀러 작가가 되다 등)

결심 머리띠 만들기: 슈퍼 토끼의 표지에 있는 그림처럼 결심 머리띠를 만들면 재미나요. 재활용 헝겊이나 도화지에 아이가 결심한 문구(밥을 잘 먹자, 이를 깨끗이 닦자 등)를 쓰고 머리둘레보다 길게 잘라 이마에 묶어주면 완성!

『개구리 왕자 그 뒷이야기』| 존 셰스카 | 보림 | 2014

『개구리 왕자』그 뒷이야기로, 결혼 생활이 행복하지 않았던 개구리 왕자의 이야기

예 **패러디 놀이**: 개구리 왕자 그 뒷이야기의 결말은 의외지요. 거기서부터 다시 이야기를 만들어보세요.

『호랑이 생일날이렷다』| 강혜숙 | 우리학교 | 2022

전래 동화 속 호랑이들을 9마리의 호랑이 형제로 재탄생시켜 만든 새로운 이야기

예 **원작 찾아 읽기**: 9마리 형제의 구구절절한 사연들을 원작(해와 달이 된 오누이, 호랑이와 토끼 꼬리, 팥죽할멈과 호랑이, 호랑이와 곶감, 호랑이 배 속 구경, 토끼의 재판, 토끼에게 속아 넘어간 호랑이, 호랑이 형님, 호랑이 잡은 강아지)으로 읽어보세요. 그러고 나서 다시 이 책을 읽으며 비교해보면 색다른 재미가 있지요.

책은 읽기만 하는 게 아니란다
● 빛과 그림자놀이 ●

※ 그림책 유형: 독특한 기법으로 만든 그림책

그림책 자체가 하나의 예술 작품으로 인정받거나 특별한 놀이를 하도록 구성된 책들이 의외로 많아요. "놀이와 예술의 가장 큰 공통점은 목적이 없다는 것이다"라는 말도 있지요. 행위 자체가 목적인 거예요. 그림책 자체만으로도 위안을 받지만, 거기에 한 차원 높은 예술을 얹은 다양한 책을 보면서 우리 아이의 공간 지각 능력, 상상력과 창의력을 극대화시켜주세요.

 행복한 읽기 과정

1. 우리, 책 보며 놀자.

"이 책은 어떻게 보는 책인 것 같아?"

"참 특별하지? 우리 차근차근 넘기며 어떤 이야기를 담고 있는지 살펴보자."

2. 어떻게 하면 이 책을 더 재미있게 볼 수 있을까?

"어떤 재료를 이용해야 할까? 우리에게 특별한 경험을 하게 해주네."

"○○야, 우리가 직접 색다른 책을 만들어보는 건 어때? 엄마랑 함께해보자!"

* ① 돋보기가 들어 있는 책은 책 안의 그림이나 실제 사물을 자세히 볼 수 있도록 유도해 주세요. ② 음악 CD가 들어 있는 책은 음악을 들으며 그림을 즐겨주세요. ③ 그림자놀이 책과 페이퍼 커팅 기법으로 만들어진 책은 불을 끄고(또는 암막 커튼 이용) 손전등을 사용 해주세요. ④ 팝업 책은 세워지거나 열리는 방향을 잘 보고 책장을 넘겨주세요. 간단한 팝업 책 만들기는 310쪽 '아이스크림 책 만들기'에서 소개하고 있으니 참고해주세요.

『그림자는 내 친구』| 박정선 글·이수지 그림 | 길벗어린이 | 2008

그림자 만드는 방법을 재미있게 알려주면서 빛과 그림자에 대한 개념을 쉽게 설명한 과학 그림책

예 그림자놀이: 책을 보며 여러 가지 그림자를 즐겁게 만들어보세요.

『태양은 가득히』| 앙투안 기요페 | 보림 | 2018

사바나의 아침 풍경을 간결한 글과 페이퍼 커팅으로 만든 예술 그림책

예 빛과 그림자놀이: 책을 세우고 손전등을 앞쪽에서 비추며 책장을 넘기면 동물들이 움직

이는 듯 보여요. 셀로판지를 이용해도 근사하지요.

『나, 꽃으로 태어났어』 | 엠마 줄리아니 | 비룡소 | 2014

한 송이의 꽃이 시처럼 아름다운 글과 다양한 색깔, 여러 가지 형태로 펼쳐지
는 팝업 책

예 '헌책 줄게 새 책 다오' 놀이: 너무 낡거나 오래된 그림책을 앞뒤 표지만 남기고 뜯어낸 다
음, 본문의 그림을 오리고 붙여 나만의 이야기가 담긴 새로운 책으로 만들어보세요.

멈춰, 내 차례야
● 바르게 읽기 ●

※ 그림책 유형: 글자가 있는 모든 그림책

초등 저학년까지는 반드시 읽기 유창성(더듬거리지 않고 정확하게 읽으며 읽은 내용을 이해하는 능력)을 키워줘야 해요. 읽기 유창성이 확보되어야만 읽기에 에너지가 적게 들어 글을 이해하기가 쉽고, 쉽게 읽어야만 읽기가 즐거워져 더 많이 읽게 되기 때문이지요. 엄마가 자주 읽기 시범을 보여주고, 아이가 즐겁게 소리 내어 읽는 것이 중요하답니다.

 **행복한 읽기 과정**

1. 우리, 틀리지 않고 바르게 책을 읽어볼까?

   "엄마가 먼저 읽어볼게. 틀리면 엄마 무릎을 살짝 쳐줘."

   "생각보다 어려운데? 이번에는 우리 ○○가 읽어볼래?"

2. 이제 틀리게 읽으면 읽는 사람을 바꾸는 게임하자.

   "가위바위보로 읽는 순서를 정하자."

   "읽다가 틀리면 '멈춰!'라고 외친 후 다음 사람이 읽는 거야. 그래서 이 글의 맨 마지막을 읽는 사람이 승리하는 게임이야."

* 아이들의 읽기 독립 과정에서 맞춤법은 정말 중요해요. 하지만 아이가 맞춤법으로 인해
  스트레스를 받는다면 낭패겠지요. 이때 가장 좋은 방법은 책을 많이 접함으로써 어느 정
  도의 맞춤법을 은연중에 배우게 하는 거예요. 이 과정에서 웅얼거리지 않고 소리 내어
  읽는 '낭독(음독)'의 중요성은 아무리 강조해도 지나치지 않아요. 아이가 읽는 것을 들으
  면 어느 부분이 취약한지 단번에 알 수 있으니까요. 뇌 과학자들의 연구 결과, 묵독보다
  는 낭독할 때 언어와 정보 처리 영역인 상부 측두엽과 상위 인지와 관련된 하부 전두엽
  이 활발하게 움직였다고 해요. 즉, 뇌를 활성화하는 가장 효과적인 방법이 바로 낭독이
  라는 것이지요.

『왜 맞춤법에 맞게 써야 돼?』| 박규빈 | 길벗어린이 | 2017

맞춤법을 틀리게 쓴 글 때문에 겪게 되는 사건을 통해 맞춤법의 필요성을 자연
스럽게 알려주는 재미난 이야기

예 상대방이 책을 읽는 것을 듣다가 틀린 부분이 있으면 바로 구호(멈춰, 스톱, 그만 등)를 외치
고 틀린 부분부터 읽어나가요.

손뼉 치고, 발 구르고
● 띄어 읽기 ●

※ 그림책 유형: 글자가 있는 모든 그림책

책을 정확하게 읽으려면 문장 부호를 알고 그에 따라 읽어야 해요. 놀이처럼 진행해 보세요. 처음에는 마침표와 쉼표에만 신호를 정하고, 익숙해지면 큰따옴표와 작은따옴표, 또 물음표와 느낌표에도 신호를 정해서 읽으면 재미있는 놀이가 되지요. 신호는 아이와 논의해서 정하면 되는데, 손뼉 치기, 발 구르기, 고개 까딱이기 등이 있어요.

 행복한 읽기 과정

1. 우리, 잘 띄어 읽는 연습을 해볼까?

"책을 잘 읽으려면 먼저 문장 부호를 알아야 해. 간단히 알아보자."

예

| . | **마침표**
설명하는 문장 끝에 쓴다. |
| , | **쉼표**
부르는 말이나 대답하는 말 뒤에 쓴다. |

| ? | **물음표**
묻는 문장 끝에 쓴다. |
| ! | **느낌표**
느낌을 나타내는 문장 끝에 쓴다. |

" " **큰따옴표**
인물이 소리 내어 한 말을 적을 때 쓴다.

' ' **작은따옴표**
인물이 마음속으로 한 말을 적을 때 쓴다.

2. 이제 문장 부호마다 신호를 정해서 읽어보자.

"책을 읽다가 마침표가 나오면 손뼉을 치고, 쉼표가 나오면 발을 구르는 거야. 어때, 잘할 수 있겠지?"

『왜 띄어 써야 돼?』| 박규빈 | 길벗어린이 | 2016

띄어쓰기를 엉터리로 한 일기 때문에 벌어진 해프닝을 통해 띄어쓰기의 중요성을 유쾌하게 풀어낸 이야기

예 큰따옴표는 조금 큰 목소리로, 작은따옴표는 아주 작은 목소리로 대상의 감정과 상황을 고려해 음성을 흉내 내어 읽어보세요.

니랑 내랑 역할놀이를 해보자
● 역할놀이 ●

※ 그림책 유형: 이야기가 있는 그림책

책을 읽고 나서 역할놀이를 하면 등장인물의 심리를 파악하려 노력하게 되고, 대사를 말하는 과정을 통해 발음이 좋아지며, 어휘력과 표현력도 상승하지요. 책의 한 부분을 골라서 하거나 한 사람이 여러 역할을 맡아도 상관없어요. 대신에 역할놀이가 더 흥미진진해지려면 소품이 필요해요. 가정에 있는 적합한 소품을 선택하거나 아이와 함께 간단히 만들면 더 좋겠지요?

 행복한 읽기 과정

1. 우리, 책 읽고 역할놀이를 해볼까?

   "엄마랑 책 읽고 역할놀이를 하려면 먼저 어떤 책을 골라야 할까?"

   "우리 ○○랑 엄마랑 둘이 하려면 2명이 나오는 책이 좋겠지."

2. 정말 주인공이 된 것처럼 읽어보자.

   "정말 말하는 것처럼 실감 나게 읽어볼까? 그러려면 몸을 좀 움직여도 좋겠지?"

   "이제 책을 보지 말고, 내용을 기억하며 역할놀이를 해보자."

✻ 책을 통한 역할놀이는 함께 읽는 사람들과 몸의 움직임 없이 목소리 변조로만 이뤄질 수
  도 있고, 책을 다 읽고 역할을 정해서 책 내용을 바탕으로 몸을 움직이며 말로 표현할 수
  도 있어요. 여기서 둘 중 어떤 것이든 놀이 방법을 선택할 때 반드시 유의할 점이 있지요.
  바로 역할놀이에서 엄마는 아이의 행동과 감정에 주목하는 조력자의 역할이면 충분하
  다는 거예요. 아이가 주도적으로 표현하고 무한한 상상력을 발휘할 수 있도록 지지해주
  세요.

『**똑똑해지는 약**』 | 마크 서머셋 글·로완 서머셋 그림 | 북극곰 | 2013

장난꾸러기 양이 칠면조를 속이는 우스꽝스러운 이야기

예 이 책은 반복적이고 짧은 대화체로 쓰여 있어 둘이 역할놀이를 하기에 좋아요. 성대모사
  를 하며 책을 읽은 다음에 역할놀이를 진행해보세요.

어울리는 캐릭터를 만들자
● 캐릭터 놀이 ●

※ 그림책 유형: 독특한 주인공이 나오는 그림책

책 속의 주인공을 통해서 아이가 스스로 생각하는 장단점과 남들과는 다른 특별함에 대해 알아볼 수 있는 좋은 기회예요. 주인공을 아이에게 투영시켜 생각이 꼬리에 꼬리를 무는 개방적인 질문을 많이 해주세요. 하지만 너무 일방적이거나 의도적이면 아이가 입을 다물어버릴 수 있으니, "그랬구나", "엄마도 그럴 때가 있어" 등과 같이 수긍하고 인정해줘야 해요. 그래야 대화가 부드럽게 이어진답니다.

행복한 읽기 과정

1. 오늘은 조금 특별한 주인공들을 만나볼까?

   "보통의 사람(동물)과 달리 이 책의 주인공은 어떤 점이 특별하지?"

   "주인공에게 어떤 매력이 있는 것 같아?"

2. 주인공에게 어울리는 캐릭터를 만들어보자.

   "주인공의 독특한 점이 매력적으로 보일 수 있도록 캐릭터를 만들어보자."

   "특징을 살려서 그림으로 표현한 후 점토로 인형을 만들어보는 건 어때?"

＊아이들이 좋아하는 '포켓몬 카드'를 활용한 캐릭터 카드 쓰기를 해도 재미나요. 포켓몬 카드를 살펴보면 위쪽에는 포켓몬의 이름과 특징을 보여주는 그림이 있고, 키와 몸무게는 물론 공격 무기까지 나와 있어요. 또 아래쪽을 보면 약점은 무엇인지, 저항력은 몇 점인지 등을 알 수 있지요. 포켓몬 카드의 이런 구성을 이용하는 거예요. 그림책에 나오는 주인공을 캐릭터화해서 이름을 지어주고, 그림도 그려주고, 특징을 짧게 쓰거나 수치화하는 것이지요. 특징은 등장인물에 따라 다르겠지만, 친절도, 배려심, 폭력성 등을 점수로 쓸 수 있어요. 포켓몬 카드처럼 기본 형태만 있으면 신나는 글쓰기 놀이가 된답니다.

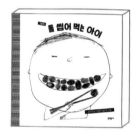

「돌 씹어 먹는 아이」 | 송미경 글·세르주 블로크 그림 | 문학동네 | 2019

돌을 맛있게 씹어 먹는 아이와 그 가족의 비밀 이야기

예 나만이 간직하고 있는 비밀이 있는지 이야기를 나눠요.

　 돌 씹어 먹는 아이의 특징을 살린 이름을 짓고, 캐릭터도 만들어보세요.

누구에게 선물할까
● 선물 놀이 ●

※ 그림책 유형: 세상의 모든 그림책

'선물하기'는 나를 위한 것이 아니라 받을 사람을 고려해야 하는 고차원적인 행위예요. 그래서 받을 사람에게 유익하면서도 만족감을 주는 책 선물은 정말 쉽지 않지요. 책을 읽다 보면 어떤 사람이 떠오를 때가 있어요. 왜 그런 생각이 들었는지 이유를 이야기하며 책의 특징을 말해보도록 하세요.

행복한 읽기 과정

1. 책을 읽으며 떠오르는 사람이 있는지 말해보자.

   "책 표지를 보니 생각나는 사람이 있어?"

   "이 책의 내용은 누구와 관련이 있지?"

2. 누구에게 선물하면 적당할까? 고민해보자.

   "책 선물을 하려면 책의 내용이 선물할 사람에게 도움이 되면 좋아."

   "이 책을 선물하고 싶은 사람이 있니? 그 이유는 뭐야?"

* 『내일 또 싸우자!』에는 몸으로 노는 전래 놀이가 많이 등장해요. 말놀이 못지않게 몸으로 노는 전래 놀이를 통해서도 다양한 어휘를 사용하고 배울 수 있답니다. 『내일 또 싸우자!』에 나오는 몸으로 노는 전래 놀이에는 풀싸움(제한 시간을 정해놓고 여러 가지 풀을 더 많이 뜯어 오는 사람이 이기는 놀이), 눈싸움(마주 보고 눈을 더 오랫동안 깜빡이지 않으면 이기는 놀이), 닭싸움(한쪽 다리를 손으로 잡은 상태에서 상대를 넘어뜨리는 놀이), 꽃싸움(토끼풀 꽃줄기를 서로 엇걸어 잡아당겨 끊어지지 않고 버티는 사람이 이기는 놀이) 등이 있어요.

『내일 또 싸우자!』 | 박종진 글·조원희 그림 | 소원나무 | 2019

틈만 나면 감정싸움을 하는 형제에게 할아버지가 계속 싸워도 되는 건강한 싸움을 알려주는 이야기

예 선물 놀이: 이 책을 누구에게 선물할까? 자주 싸우는 형제나 남자아이들

　　　　이유는? 풀싸움, 꽃싸움, 눈싸움 등 자꾸 싸워도 되는 싸움을 알려주기 때문에

재잘재잘, 조잘조잘, 주절주절
● 오감 읽기 ●

※ 그림책 유형: 의성어와 의태어가 많은 그림책

의성어와 의태어를 사용하면 글이 훨씬 더 풍요로워지고, 생동감이 있어 읽을 때 리듬감이 생겨요. 동시에 의성어와 의태어의 한자어를 자연스럽게 알려주면 이해가 쉬울 거예요. 책을 읽는 과정에서 의성어와 의태어가 나오면 그 느낌을 살려 읽음으로써 표현력과 언어 구사력을 높이고, 우리말의 맛을 느껴보도록 해주세요.

행복한 읽기 과정

1. 뿡빵뿡빵, 뿡뿡빵빵, 떼구루루, 도르르르… 말이 참 재미있지?

   "지금 읽은 책에는 재미있는 표현들이 참 많지?"

   "의성어, 의태어라고 부르는 말들이야. 의성어에서 '성'은 소리 성聲으로 사람이나 동물, 사물의 소리를 흉내 낸 말이고, 의태어에서 '태'는 모습 태態로 모양이나 행동을 실감 나게 표현한 말이야."

2. 소리와 모습을 표현한 의성어, 의태어는 어떻게 읽으면 좋을까?

   "처음에는 그냥 읽고, 두 번째는 의성어와 의태어를 강조하며 읽어보자."

   "소리가 들릴 것 같은 의성어는 크고 작은 목소리로 읽고, 모습을 나타낸 의태어는 몸으로 표현하면서 읽어보는 건 어떨까?"

『소리가 들리는 동시집』 | 이상교 글·박지은 그림 | 토토북 | 2010

겸이네 가족의 일상을 짤막한 글이나 동시로 표현한 이야기로 흉내말이 돋보이는 동시집

예 책 속의 나무처럼 의성어와 의태어 표현을 포스트잇에 써서 한쪽 벽면이나 방문에 붙여보세요.

『비 오니까 참 좋다』 | 오나리 유코 지음·하타 고시로 그림 | 나는별 | 2019

비를 온몸으로 신나게 맞는 소년을 생생한 표현으로 담아낸 이야기

예 책 속의 소년처럼 실제로 비를 맞아보는 건 어떨까요? 혹은 욕실에서 아이한테 우산을 펴라고 한 다음에 비처럼 샤워기로 물을 뿌리며 물어보세요. "소리가 어떻게 들리니?"

꼬마 시인의 목소리로 들어요
● 시 낭송 놀이 ●

※ 그림책 유형: 동시 그림책

동시는 모국어의 아름다움을 느끼게 해주는 가장 적절한 매체예요. 동시를 자주 접하면 사물에 대한 직관력을 기를 수 있으며, 정선된 시어 표현 덕분에 상상력을 극대화시킬 수 있어요. 이미지가 선명하고 공감할 수 있으며 발달 수준에 맞는 어휘를 사용한 동시를 선택해 아이와 함께 많이 읽어보세요.

행복한 읽기 과정 ···

1. 우리, 동시 그림책을 읽어보자.

   "동시는 어린이의 마음을 표현한 짧은 글이야."

   "그림을 보며 천천히 마음속으로 느끼면서 읽으면 좋아."

2. 우리 둘만의 시 낭송 대회를 열어보자.

   "오늘 감상한 시 중에서 마음에 드는 것을 엄마와 우리 ○○가 각각 읽어보는 거야. 녹음할 테니 천천히 감정을 살려서 읽어보자."

   "녹음한 것을 누가 더 시인처럼 읽었는지 들어보자. 너무 기대돼!"

『넉 점 반』 | 윤석중 글·이영경 그림 | 창비 | 2004

심부름 간 아이의 정겨운 그림과 옛 정서가 녹아든 사랑스러운 동시 그림책

예 옛말의 뜻을 알려주세요. → 넉 점 반, 복덕방, 영감, 시방 등

그림을 천천히 살펴보며 복장과 배경 그림으로 시대상에 관해 이야기 나누고 정겹게 시를

낭송해요.

『글자동물원』 | 이안 글·최미란 그림 | 문학동네 | 2015

50여 편의 다양한 동시가 실린 동시책

예 한글에는 거꾸로 뒤집어보면 다른 글자가 되는 글자가 있어요. '문'을 거꾸로 뒤집으면

'곰'이 되는 것처럼 말이에요. 또 어떤 글자가 있을지 찾아보세요. → 글/른, 물/롬, 을/릉,

음/믕 등

네 죄를 네가 알렷다
● 판사 놀이 ●

※ 그림책 유형: 못된 주인공이 나오는 그림책

전래 동화(해님 달님, 피리 부는 사나이 등)는 나쁜 사람이나 동물이 벌을 받으며 이야기가 끝나지요. 그런데 그 벌이 너무 가혹하거나 구체적이지 않은 경우가 있어요. 이때 아이들에게 '판사'가 되어 나쁜 행동을 한 주인공에게 적합한 벌을 내려주라고 하면 의외로 공정하게 판결을 내린답니다. 엄마는 '변호사'의 역할을 맡아 주인공이 왜 그럴 수밖에 없었는지, 또는 깊이 반성을 하고 있다는 등 변론을 하는 거예요. 우리 집이 작은 모의재판소가 되지요. 다각도에서 판단해야 하기에 아이의 사고력이 폭넓어진답니다.

 행복한 읽기 과정

1. ○○야, 판사는 어떤 일을 하는지 아니?

   "판사는 죄를 지은 사람에게 어떤 벌을 줄지 판결을 내리는 사람이야."

   "지금부터 읽을 책에서는 나쁜 일을 한 주인공이 나오거든. 어떤 벌을 줄지 우리 ○○가 판결을 내리는 거야. 잘 읽어보자."

2. ○○ 판사님, 어떤 판결을 내리시겠습니까?

   "잘못된 행동을 했지만 죄지은 사람에게도 변호하는 사람은 필요해. 엄마가 변호를 맡을게.”

“벌을 준다는 것은 나쁜 행동을 다시는 하지 말라는 뜻이거든. 행동을 고치기 위해 벌주는 것 말고 또 어떤 방법이 있을까?”

『선생님을 화나게 하는 10가지 방법』

실비 드 마튀이시윅스 글·세바스티앙 디올로장 그림 | 어린이작가정신 | 2017

선생님께 관심을 받고 싶은 아이가 친구들이나 선생님께 해서는 안 되는 방법을 나열한 이야기

예 수업 시간에 비행기를 날린다거나 풍선껌을 불며 팡팡 터뜨리는 등 나쁜 행동을 했을 때 어떻게 하면 행동을 고칠 수 있는지 그 방법을 이야기해요.

어떤 점이 매력적이니

● 직업 찾기 ●

■■■

※ 그림책 유형: 다양한 직업이 나오는 그림책

아이들의 진로 교육은 흥미와 이해 중심으로 접근해야 해요. 주변에 어른들(엄마, 아빠 등)이 직업과 관련된 이야기를 하고, 직접 일터에 방문할 수 있다면 도움이 되겠지요. 만약 의사가 되고 싶다고 하면 왜 의사가 되고 싶은지, 어떤 의사가 되고 싶은지 질문하고 직업을 주제로 한 책을 읽는 것도 좋아요. 더불어 세상은 여러 사람이 모여 협력하며 돌아간다는 사실도 자연스럽게 알려주세요.

행복한 읽기 과정 ···

1. 우리 ○○는 커서 어떤 일을 하고 싶어?

   "어른들은 대부분 직업을 가지고 일을 하지. 오늘은 직업에 대한 그림책을 함께 보자."

   "세상은 계속 발전하고 있으니까 우리 ○○가 어른이 되면 새로운 직업이 많이 생길 거야. 엄마도 잘 모르는 직업이 많아. 함께 읽으면서 알아보자."

2. 이 책에서는 어떤 직업이 가장 매력적인 것 같아?

   "오늘 새롭게 알게 된 직업으로는 뭐가 있어?"

   "매력적인 직업은 어떤 거야? 왜 그렇게 생각해?"

『**주인공은 너야**』| 마크 패롯 글·에바 알머슨 그림 | 웅진주니어 | 2019

공연이 무대에 오르기까지 일하는 사람들에 관한 이야기

예 이 책에 나오는 6가지 직업 중에서 가장 매력적으로 보이는 직업은 무엇인지, 이유는 무엇인지 이야기해요. 또 책 내용을 짧게 읽고 어떤 직업이었는지 맞혀보세요.

『**어른들은 하루 종일 어떤 일을 할까?**』| 비르지니 모르간 | 주니어RHK | 2021

어른들이 일하는 장소 14군데를 찾아가 그곳에서 일하는 사람들의 직업을 알아보는 이야기

예 부모님 등 주변 사람의 직업을 책 속에서 찾아보세요. 그러고 나서 새롭게 알게 된 부분을 이야기해요.

내 입장은 말이야
● 토론 놀이 ●

■■

※ 그림책 유형: 두 주인공이 대립 구도인 그림책

아이와 어떤 주제를 가지고 각자의 입장을 이야기하는 초기 단계에서는 그림책을 활용하면 좋아요. 그림책 중에는 두 주인공이 대립 구도거나 비슷한 상황이 펼쳐지는 이야기가 많이 있지요. 이때 아이가 옳다고 생각하는 주인공을 고르고, 엄마는 상대편을 골라 각자의 입장을 말하는 거예요. 막연한 주장이 아니라 근거가 무엇인지 이야기하는 과정에서 새로운 통찰력을 얻게 된답니다.

행복한 읽기 과정

1. 입장이 다른 두 주인공이 나오는 이야기를 읽어보자.

   "이 책을 보니 생각나거나 기억나는 일이 있니?"

2. 우리, 이 책에 나오는 두 사람(동물)의 입장이 되어 토론해보자.

   "토론이란 어떤 문제에 대해 여러 사람이 각각 의견을 말하는 거야."

   "우리 ○○는 이야기 속에서 누구의 입장이 더 이해되지? 그렇게 생각한 이유는 뭘까?"

* '하브루타'는 유대인의 독특한 교육 방법으로 나이나 계급, 성별과 관계없이 2명이 짝을 지어 서로 질문하고 토론하며 논쟁하는 것을 말해요. 직접 답을 말해주지 않고, 질문하게 하며, 토론을 이어가면서 아이가 스스로 답을 찾게 하는 방식이지요. '독서 디베이트' 는 비판적 읽기를 기본으로 찬성과 반대의 견해를 가질 수 있는 논제를 찾아 각자 주장하는 바에 따라 토론하는 것을 말해요. 사실 아이들은 아직 어리기에 자기 의견을 정확하게 말하기는 힘들어요. 그럴수록 독서를 통해 다양한 상황과 등장인물을 접하며 자유롭게 대화하는 시간을 많이 마련해주세요.

그림책 읽기 놀이

『야쿠바와 사자 1 용기』 | 티에리 드되 | 길벗어린이 | 2011

전사가 되기 위한 소년이 다친 사자를 만나 고민하는 이야기

예 엄마와 아이가 각각 야쿠바와 사자가 되어 각자의 입장을 이야기하고 어떻게 행동할지 근거를 대며 토론해요.

도전, 골든 벨을 울려라
● 독서 퀴즈 ●

※ 그림책 유형: 지식 그림책

지식 그림책을 선택하는 기준은 '우리 아이'입니다. 아이가 좋아하고 현재 관심이 있는 주제의 책을 선택해야만 효과가 있어요. 지식 그림책의 주제로는 아이들 눈높이에 맞춘 과학(동물, 우주 등), 위인, 역사 등이 있지요. 지식 그림책에 관심이 없다면 이야기 책으로도 얼마든지 가능해요. 아이가 읽은 내용을 잘 이해하고 있는지 줄거리 위주로 문제를 내면 되니까요.

 행복한 읽기 과정 ···

1. 요즘 우리 ○○가 관심이 있는 그림책을 읽어보자.

   "내용이 좀 어려웠는데 재미있었어?"

   "지금 읽은 내용을 잘 기억해야 해."

2. 기다리고, 기다리던 골든 벨 퀴즈 시간이 돌아왔습니다!

   "할리갈리 게임에 있는 종을 이용하자."

   "지금 읽은 책에서 문제를 내볼게. 2문제를 연속으로 맞히면 종을 한 번 치는 거야."

『**이토록 멋진 곤충**』| 안네 스베르드루프-튀게손 글·니나 마리 앤더슨 그림 | 단추 | 2020

곤충학자가 글을 쓰고 수채화가가 그림을 그린 아름다운 곤충 과학책

예 곤충을 좋아하는 아이라면 해당 책을 여러 번 읽고 문제를 내서 맞히게 해보세요. 물론 아이가 문제를 내고 엄마가 맞히도록 역할을 바꿔도 좋아요.

『**뚱보 임금님 세종의 긁적긁적 말놀이**』| 조은수 | 웅진주니어 | 2016

고기쟁이, 생각쟁이, 뚱보 세종대왕님이 한글을 창제한 과정을 담은 이야기

예 책을 읽고 나서 엄마와 아이가 각각 한글에 대한 퀴즈를 3개씩 만든 후 상대방의 문제를 맞혀보세요.

내 별점은요
● 별점 주기 ●

■■■   ※ 그림책 유형: 세상의 모든 그림책

아이가 읽은 책을 기록으로 남기는 일은 매우 훌륭한 활동이에요. 그렇다고 처음부터 독후감을 쓰는 것은 무리니 '독서기록장'으로 시작하면 좋겠어요. 독서기록장에 책 제목(가능하다면 지은이까지)을 쓰고 별점을 주는 거예요. 별점은 3점이나 5점을 만점으로 정하고, 나름의 기준으로 준 다음, 책 제목 옆에 별 스티커를 붙여보세요. 별점 주기는 책을 평가하는 것이기 때문에 책을 더욱더 꼼꼼하게 읽게 되지요.

행복한 쓰기 과정 ···

1. 우리, 읽은 책에 별점 주기를 해보자.

   "오늘은 책을 읽고 평가를 해볼까?"

   "책의 내용이 좋고 그림도 마음에 들었다면 최고점을 줘야겠지. 최고점은 몇 점으로 할까? 3점? 아니면 5점?"

2. 우리 ○○가 생각하기에 만족스러운 책이었다면 책 제목을 쓴 다음 그 옆에 별 스티커를 붙여주는 거야.

   "별점 주기는 별을 그려도 되고 별 스티커를 붙이는 방법도 있어."

   "오늘 읽은 책에 최고점 5점을 줬다면 별 스티커도 5개를 붙여주는 거야."

●●● 친절한 제언

* 독서기록장을 쓸 때 정해진 순서는 없지만, 다음과 같이 진행해보세요. ① 번호와 책 제목을 씁니다. 번호가 있으면 이어가는 재미가 있어요. ② 책 제목 옆에 책을 평가하는 '별점 주기'를 해보세요. ③ 별점 주기가 익숙해지면 '작가 이름'을 추가해보세요. 작가 이름을 쓰다 보면 아이가 좋아하는 작가가 나타나고 독서 취향도 알게 되지요. ④ 책에서 가장 마음에 와닿거나 기억에 남는 한 문장만 써요. 이 책에서는 '황금 문장 쓰기'라고 해요. ⑤ 책을 읽은 느낌을 한 줄 추가해요. 초기에는 '재미있었다', '좋았다' 정도로 쓰지만, 점차 『아홉 살 마음 사전』과 같은 책에서 적합한 감정 표현 낱말을 찾아 문장을 만들어보도록 해요. ⑥ 감정 표현 낱말이 익숙해지면 이제 '3줄 쓰기'가 어렵지 않게 되지요. 초등 저학년까지는 3줄 쓰기만으로도 충분하답니다.

『황소와 도깨비』| 이상 글·한병호 그림 | 다림 | 1999

천재 작가 이상이 세상에 남긴 단 한 편의 동화로, 어려움에 빠진 도깨비를 도와준 나무 장수 돌쇠 이야기

예 불쌍하면 도깨비라도 살려줘야 한다는 인정 어린 이야기와 동양화풍으로 그린 그림 등을 고려해서 별점을 주세요.

찰떡같은 이름으로 부탁해
● 이름 짓기 ●

■■■ ※ 그림책 유형: 주인공에게 이름이 없는 그림책

아이와 함께 주인공의 외모나 성격 등 특징을 생각하며 이름을 지은 다음, 포스트잇에 여러 장 써서 책에 직접 붙여놓고 읽어보세요. 몇 번 읽고 나면 아이가 새로운 이름을 또 지을 거예요. 그러면 또다시 포스트잇에 새로운 이름을 써서 붙인 후 읽어보게 하세요. 책의 앞부분에는 이름을 지은 날짜도 기록해두고요. 아이는 자기가 지은 이름으로 책을 읽기 때문에 애착을 갖게 된답니다. 이름 짓기는 우선 책을 잘 읽어 등장인물을 이해한 다음, 이름이라는 결과물을 만들어내야 하기 때문에 읽기 집중력, 연상 능력은 물론 표현력과 창의력도 키워주지요.

행복한 쓰기 과정

1. 우리, 주인공을 잘 살피며 읽어보자.

   "주인공의 모습을 보니까 어떤 느낌이 들어? 또 성격은 어떤 것 같니?"

   "어떤 특징이 있는지 이야기해보자."

2. 이 책에는 주인공의 이름이 없네. 우리가 어울리는 이름을 지어 포스트잇에 써서 붙여보자.

   "이름을 잘 지으려면 어떤 걸 먼저 고민해야 할까?"

"이제 이 책을 읽을 때는 우리가 지어준 이름으로 바꿔서 읽어보는 거야. 어때?"

『100만 번 산 고양이』| 사노 요코 | 비룡소 | 2002

100만 년 동안 다양한 사람과 살고 죽었던 고양이를 통해 진정한 삶을 산다는 것이 무엇인지 느끼게 해주는, 시니컬하지만 매력적인 얼룩 고양이의 이야기

예 100만 번 산 고양이는 다양한 사람들과 살았는데 모두 고양이를 정말로 좋아했어요. 고양이와 함께 살았던 사람들의 직업과 특성을 생각하며 그들이 불렀을 고양이의 이름을 지어주세요.

『세 강도』| 토미 웅게러 | 시공주니어 | 1995

무시무시한 세 강도가 여자아이를 데려와 키우면서 달라져 인정 많은 양아버지가 되는 이야기

예 이 책에는 여자아이만 티파니라는 이름이 있고, 세 강도는 특징만 묘사되어 있고 이름이 없어요. 세 강도의 이름과 그들이 살게 되는 아름다운 성의 이름을 지어주세요.

근사한 제목으로 바꿔볼까
● 책 제목 바꾸기 ●

■■■ ※ 그림책 유형: 제목이 있는 모든 그림책

책 제목 바꾸기는 책의 내용을 잘 이해해서 어울리도록 새로운 제목을 지어야 하기에 창의력, 이해력, 연상 능력 등을 향상시켜주는 매우 좋은 활동이에요. 물론 모든 책의 제목은 작가가 고심해 지었겠지만, 책 주인은 이제 우리 아이이므로 아이의 생각을 반영한 제목을 새롭게 지어보세요. 아이가 지은 책 제목은 표지나 안쪽 제일 첫 장에 직접 쓰도록 해주세요.

 **행복한 쓰기 과정** ●●●

1. 우리, 책 제목을 바꿔보자.

   "책 제목을 다시 지으려면 책의 내용을 아주 잘 알고 있어야 해."

   "책 제목을 어떻게 지을까 고민하면서 잘 읽어보자."

2. 네가 지은 책 제목을 표지에 써놓자.

   "이 책에는 어떤 제목이 더 어울릴까? 왜 그렇게 생각했지? 이 책을 지은 작가님도 마음에 드실까?"

   "표지에 우리 ○○가 지은 책 제목도 예쁘게 써놓자. 그리고 우리 집에서는 이 책을 네가 지은 제목으로 부르는 거야. 어때?"

『**완벽한 아이 팔아요**』| 미카엘 에스코피에 글·마티외 모데 그림 | 길벗스쿨 | 2017

마트에서 완벽한 아이를 사 온 부부가 흐뭇하게 아이를 키우지만, 결말의 반전
이 통쾌한 이야기

예 아이를 판다는 표현이 불편할 수 있어요. 책 속의 주인공이 되어 아이의 입장에서 책 제목
을 바꿔보세요.

『**이파라파냐무냐무**』| 이지은 | 사계절 | 2020

마시멜롱이 사는 마을에 시커먼 털북숭이가 찾아와 벌어지는 이야기

예 '이파라파냐무냐무'는 작가가 지은 멋진 제목이지만 처음 봐서는 무슨 말인지 전혀 알 수
없지요. 책 내용에 맞도록 어울리는 책 제목을 지은 후 책의 안쪽에 사인펜으로 직접 지은
책 제목과 날짜를 써보세요. 읽을 때마다 새롭게 제목을 짓고 써놓아도 재미있답니다.

심쿵, 내 마음속에 저장
● 황금 문장 쓰기 ●

※ 그림책 유형: 내용이 있는 모든 그림책

책을 읽다 보면 특정 문장이 특별히 다가오는 것을 느낄 수 있어요. 보통 이런 문장을 '황금 문장'이라고 불러요. 같은 책이라도 독자의 감정 상태에 따라 달라지기도 하지요. 왜 이 문장을 황금 문장으로 골랐는지 아이의 이야기를 들어주고, 독서기록장에 책 제목을 쓰고, 별점과 함께 황금 문장까지 쓸 수 있도록 해주세요. 기록으로 남길 때 더 가치가 생기니까요. 필사는 최고의 독후 활동 중 하나랍니다.

 행복한 쓰기 과정 ┈┈┈┈┈┈┈┈┈┈┈┈┈┈┈┈┈┈┈┈┈┈

1. 우리, 책을 읽으면서 마음에 드는 문장을 찾아보자.

   "우리 ○○는 이 책에서 어떤 문장(말)이 제일 좋아?"

   "왜 그 문장이 마음에 남았을까? 그 문장을 누구에게 말해주고 싶어? 왜 그런 생각을 했지?"

2. 마음에 드는 문장을 독서기록장에 써보자.

   "형광펜이나 연한 색 색연필로 문장에 줄을 그어볼까?"

   "우리 ○○ 독서기록장에 책 제목을 쓰고 별점 옆에 황금 문장을 써서 남겨놓자."

『행복하다는 건 뭘까?』 | 노경실 글·이형진 그림 | 미세기 | 2015

아이들의 눈높이에 맞춰 어떨 때, 어떻게 하면 행복해지는지 이야기하며 실천

하라고 조언하는 질문 그림책

예 가장 마음에 와닿는 문장을 골라보세요. 예를 들어 '행복하다는 건 너를 신나게 뛰어가게

하는 거야.'를 골랐다면 책에 표시하거나 독서기록장에 써넣어요.

『마음 상자』 | 남궁선 | 리잼 | 2021

마음을 상자라는 물건에 빗대어 감정 표현을 하며 아이가 성장해가는 이야기

예 마음을 상자가 아닌 다른 어떤 물건으로 표현할 수 있을까 이야기한 다음, 이 책에서 가장

기억하고 싶은 한 문장만을 골라 종이에 써서 잘 보이는 곳에 붙여보세요.

엄마 까투리가 눈을 떠보니
● 책 제목 연결하기 ●

※ 그림책 유형: 제목이 있는 모든 그림책

책 제목을 연결해서 문장을 만들면 재미는 물론 문장 구사력과 표현력이 향상되지요. 처음부터 책 권수가 많으면 헷갈릴 수가 있으니 3~4권으로 시작하세요. 아이가 앞뒤가 맞지 않거나 희한하게 말하더라도 계속 이끌어주세요. 그러다 보면 의미가 통하는 문장이 나오거든요. 엄마도 아이와 교대로 문장을 만들며 시범을 보이고, 칠판이나 종이에 책 제목으로 만든 문장을 글로 써서 읽어주세요. 분명 색다른 글쓰기 경험이 된답니다.

행복한 쓰기 과정 ·

1. 여러 권의 책을 제목이 보이도록 쭉 펼쳐보자.

   "여러 권을 펼쳐놓고 보니, 엄마가 좋아하는 책도 있고 우리 ○○가 즐겨 보는 책도 있네."

   "우리 ○○는 이 중에서 어떤 책이 제일 재미있는 것 같아?"

2. 책 제목이 들어간 문장을 만들어보자.

   "여기 7권의 책이 있네. 책 제목을 반드시 넣어서 문장을 만들어보는 거야."

   "책의 내용과는 상관없이 제목이 들어가도록 연결하면 돼. 할 수 있겠지?"

예 그림책 제목: 엄마 까투리, 이게 정말 천국일까?, 치과 의사 드소토 선생님, 알사탕, 짝꿍, 스갱 아저씨의 염소, 수박 수영장, 선인장 호텔 등

→ 엄마 까투리가 눈을 떠보니 너무 좋아서 "이게 정말 천국일까?" 하고 말했어요.

치과 의사 드소토 선생님은 알사탕을 많이 먹어 이가 썩은 짝꿍을 치료했어요.

스갱 아저씨의 염소가 여행 가서 수박 수영장에서 놀다가 선인장 호텔에 묵었어요.

3. 우리가 책 제목으로 말한 문장들을 칠판에 써보자. 과연 어떤 문장이 만들어 질까?

『이게 정말 천국일까?』 | 요시타케 신스케 | 주니어김영사 | 2016

돌아가신 할아버지의 공책을 보고 천국에 대해 생각하는 등 '죽음'에 대한 신선 한 의미를 남기는 이야기

예 문장형 제목의 그림책이 있으면 제목을 연결한 문장이 구어체가 되어 자연스럽게 긴 문장 을 만들 수 있어요.

도대체 뭐라고 말했을까
● 말풍선 놀이 ●

※ 그림책 유형: 이야기가 있는 그림책

여러 가지 모양의 포스트잇은 아이들의 글쓰기 활동에 도움을 줍니다. 포스트잇은 크기가 작아서 몇 글자 쓰지 않아도 꽉 차니 부담이 없고, 붙였다가 떼도 책에 손상이 가지 않아 사용하기 좋아요. 특히 말풍선 모양의 포스트잇은 그림책을 읽을 때 주인공에게 하고 싶은 말, 등장인물의 속마음 등을 쓰기에 적합하지요.

행복한 쓰기 과정

1. 주인공의 마음을 헤아리며 읽어보자.

   "주인공은 속으로 어떤 생각을 했을까?"

   "주인공은 왜 말하지 못한 걸까? 우리가 그림책 속으로 말소리를 한번 넣어보는 건 어때?"

2. 우리가 등장인물이 하고 싶은 말을 포스트잇에 써서 붙여주자.

   "우리 ○○는 누구에게 가장 하고 싶은 말이 많아? 속이 시원해지도록 한마디 하자. 뭐라고 쓰면 될까?"

   "이 책을 다음에 읽었을 때 다른 생각이 든다면 그때 또다시 써서 붙이자."

『거미와 파리』 | 메리 호위트 글·토니 디털리치 그림 | 열린어린이 | 2004

음흉한 거미에게 속아 먹이가 된 파리 이야기

예 교활한 거미와 멍청한 파리에게 하고 싶은 말을 말풍선 포스트잇에 써서 붙여보세요.

『파리의 작은 인어』 | 루시아노 로사노 | 블루밍제이 | 2022

파리의 유명한 분수에 살던 작은 인어 조각상이 자신의 소원인 바다를 찾아 길을 떠나는 이야기

예 인어가 사람들과 동물들을 향해서 했을 것 같은 말을 말풍선 포스트잇에 써서 붙여주세요. 그러고 나서 다음번에는 말풍선의 대사까지 감정을 충분히 넣어서 읽어보세요.

이야기를 들으면 떠올라
● 익은말 놀이 ●

'익은말'이란 2개 이상의 낱말로 이뤄져 있고, 각각의 낱말만으로는 전체 뜻을 알 수 없는 말로 '관용 표현', '관용어'라고도 해요. 예를 들어 '오지랖이 넓다', '발목 잡히다', '악어의 눈물' 같은 거예요. 속담이나 사자성어, 익은말의 의미를 알고 사용하면 그 말의 유래를 통해 어휘력을 키우는 것은 물론 관련된 역사, 문화, 과학 등의 지식까지 얻게 되어 세상을 보는 안목을 넓혀준답니다. 일상생활 속에서, 또 책을 통해서 자연스럽게 익혀 한 번씩 써보도록 해주세요.

행복한 쓰기 과정 ∙∙

1. '티끌 모아 태산'이라고 했는데, 우리 ○○가 읽은 책이 쌓여가니 뿌듯하네.

   "○○야, '티끌 모아 태산'이라는 속담을 들어봤니? 작은 것이라도 모으고 또 모으면 나중에 큰 것이 된다는 뜻이야."

   "『흥부와 놀부』에서 착한 흥부는 복을 받고 못된 놀부는 벌을 받잖아. 이것을 권선징악勸善懲惡이라고 하는데, 착함은 권하고 악함은 벌한다는 뜻이야. 이런 4글자 한자어를 '사자성어'라고 해."

2. 우리가 지금 읽은 책에서는 어떤 속담이나 사자성어가 떠올라?

"우리가 지금 알게 된 속담(또는 사자성어)을 어떤 상황에서 쓰면 어울릴까?"

"이번에 알게 된 속담(또는 사자성어)을 칠판(또는 독서기록장)에 써서 기억해두자!"

『발명가 로지의 빛나는 실패작』 | 안드레아 비티 글·데이비드 로버츠 그림 | 천개의 바람 | 2015

발명가가 되고 싶은 아이와 하늘을 날고 싶은 할머니의 이야기

예 이 책을 읽으면 어떤 속담이나 익은말이 떠올라? 실패는 성공의 어머니, 첫술에 배부르랴, 지성이면 감천이다, 박차를 가하다, 하얀 거짓말, 칠전팔기七顚八起 등

『사윗감 찾는 두더지』 | 유타루 글·김선배 그림 | 비룡소 | 2014

두더지 가족이 예쁜 딸의 힘세고 멋진 사윗감을 찾기 위해 모험을 떠나는 이야기

예 이 책을 읽으면 어떤 속담이나 익은말이 떠올라? 제 눈에 안경, 등잔 밑이 어둡다, 열 번 찍어 안 넘어가는 나무 없다, 고진감래苦盡甘來 등

국어사전아, 반갑다
● 사전 찾기 ●

■■■
※ 그림책 유형: 어려운 낱말이 있는 그림책

요즘은 인터넷에서 모르는 낱말의 뜻을 빠르게 찾을 수 있어요. 하지만 사전에서 찾으면 예문으로 어휘의 뜻을 정확하게 익힐 수 있을 뿐만 아니라 비슷한 말, 반대말, 한자어 등 훨씬 폭넓게 배울 수 있지요. 사전 찾는 방법을 익혀 재미를 붙였다면 누가 빨리 사전에서 낱말을 찾는지 대결도 하고, 찾은 낱말을 독서기록장이나 낱말 카드에 기록해보세요.

 행복한 쓰기 과정 ·············

1. 책을 읽다가 어려운 낱말이 나오면 어떻게 해야 할까?

   "이해가 안 되는 낱말이 있으면 엄마에게 물어봐. 사실 어떤 낱말은 계속 읽다 보면 이해가 될 때도 있단다. 하지만 정말 좋은 방법은 사전을 찾아보는 거야."

2. 모르는 낱말을 사전에서 찾는 방법을 알아보자.

   "사전에서 낱말을 찾을 때는 일정한 규칙이 있어."

   "한글의 낱자는 '첫 자음자-모음자-받침'으로 구성되어 있어. 만약에 '강'이라는 글자가 있다면 ㄱ은 첫 자음자, ㅏ는 모음자, ㅇ은 받침이야. 그래서 첫 자음자부터 찾아가는 거지. 국어사전은 일정한 순서대로 되어 있단다."

첫 자음자	ㄱ	ㄲ	ㄴ	ㄷ	ㄸ	ㄹ	ㅁ	ㅂ	ㅃ	ㅅ	ㅆ
	ㅇ	ㅈ	ㅉ	ㅊ	ㅋ	ㅌ	ㅍ	ㅎ			
모음자	ㅏ	ㅐ	ㅑ	ㅒ	ㅓ	ㅔ	ㅕ	ㅖ	ㅗ	ㅘ	ㅙ
	ㅚ	ㅛ	ㅜ	ㅝ	ㅞ	ㅟ	ㅠ	ㅡ	ㅢ	ㅣ	
받침	ㄱ	ㄲ	ㄳ	ㄴ	ㄵ	ㄶ	ㄷ	ㄹ	ㄺ	ㄻ	ㄼ
	ㄽ	ㄾ	ㄿ	ㅀ	ㅁ	ㅂ	ㅄ	ㅅ	ㅆ	ㅇ	ㅈ
	ㅊ	ㅋ	ㅌ	ㅍ	ㅎ						

3. 사전에서 찾아본 낱말은 독서기록장에 적어놓으면 더 잘 기억할 수 있단다.

사전은 작은 글씨로 쓰여 있지만 우리는 돋보기로 본 것처럼 크게 써보자.

『책으로 전쟁을 멈춘 남작』 | 질 바움 글·티에리 드되 그림 | 북뱅크 | 2017

책 읽기를 좋아하는 남작이 책과 편지로 군인들을 감동시켜 전쟁을 끝냈다는

아름다운 이야기

예 책을 읽다가 어려운 낱말(남작, 방해, 대활약, 기미, 포탄 등)을 사전에서 찾아요.

어깨가 으쓱해지는 상장
● 상장 만들기 ●

※ 그림책 유형: 고마운 주인공이 등장하는 그림책

아이들의 그림책에는 고마운 대상이 참 많이 등장해요. 전래 동화에 등장하는 동물로는 죽으면서까지 은혜를 갚은 호랑이, 까치, 두꺼비가 있고, 전설의 동물로는 쇠를 먹는 불가사리가 빠지면 섭섭하지요. 이런 대상들에게 감사의 마음을 표현하는 상장 만들기를 해보세요. 상장 만들기는 왜 상장을 주는지 이유를 분명히 써야 하므로 목적이 있는 유익한 글놀이가 된답니다.

행복한 쓰기 과정

『모모모모모』

1. 이 책을 읽으니 어떤 마음이 들어?

   "이 책에서 가장 재미있는 그림은 어떤 거야?"

   "농부 아저씨께 하고 싶은 말이 있니?"

2. 농부 아저씨께 감사한 마음을 담아 상장을 만들어보자.

   "우리 ○○는 주인공의 어떤 점 때문에 상장을 주고 싶은 거야?"

   "상장을 만들 때는 상장을 받을 사람이 누구인지, 이 상장을 왜 주는지 이유를 쓰는 것이 정말 중요해. 맨 아래에는 상장을 주는 날짜와 우리 ○○의 이름도 쓰자. 네가 애써 만든 상장이니까 말이야. 상의 이름부터 써볼까?"

『모모모모모』 | 밤코 | 향출판사 | 2019

모가 쌀이 되어 우리 밥상에 올라오기까지의 과정을 말놀이하듯 짧고 유쾌하게 표현한 이야기

예 농부 아저씨는 물론 맛있게 밥을 지어주신 부모님께 드릴 상장을 만들어보세요.

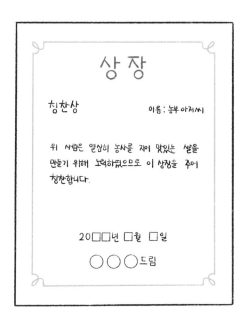

▲ 『모모모모모』를 읽고 나서 만든 농부 아저씨께 드리는 상장

규칙은 모두를 위한 일
● 규칙 쓰기 ●

■■■ ※ 그림책 유형: 규칙을 알려주는 그림책

이야기 속 주인공을 통해 규칙을 알게 되면 아이들의 눈높이와 딱 맞아 따로 설명해주지 않아도 이해가 쉽고 재미가 있어 기억에 오래 남아요. 예를 들어 우리가 도서관에 가서 어떤 규칙을 지켜야 한다고 이야기하면 피부에 와닿지 않지만, 『도서관에 간 사자』를 읽으면 직접 가보지 않았어도 도서관에서는 어떤 사람들이 일하고, 어떤 프로그램이 있으며, 지켜야 할 규칙은 무엇인지 자연스럽게 알게 되지요. 바로 이야기가 가지는 힘이에요.

 행복한 쓰기 과정 ●●●●●●●●●●●●●●●●●●●●●●●●●●●●●●●●●●
『행복한 우리 가족』

1. 이 책에 나오는 가족과 비슷한 행동을 하는 사람을 본 적 있니?

   "가장 다른 사람을 배려하지 않는 행동은 뭐인 것 같아?"

   "옆에 있다면 뭐라고 따끔하게 말해주고 싶어?"

2. 이 가족이 반성하도록 미술관에서 지켜야 할 규칙을 직접 써주자.

   "옐로카드Yellow Card의 의미로 노란색 색종이에 규칙을 써주자."

   "규칙과 함께 어떤 말을 경고로 남겨줄까? '도로에 쓰레기를 또 버리면 밥도 안 주고 도로 청소를 3일 동안 계속 시킨다'는 어때? 하하하."

『행복한 우리 가족』| 한성옥 | 문학동네 | 2006

자기 가족만 생각하며 잘못된 행동을 일삼는 가족 이기주의를 꼬집는 이야기

예 우리 가족이 무심코 잘못하고 있는 것은 무엇인지 가족 구성원마다 하나씩 써보세요.

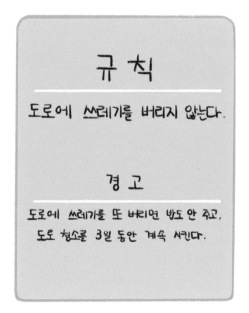

▲『행복한 우리 가족』을 읽고 나서 만든 규칙 경고장

침이 꼴깍, 맛있겠다
● 레시피 쓰기 ●

아이와 함께 음식을 만든다면 살아 있는 공부가 되는 것은 물론 맛있는 결과물이 나오기에 만족감까지 선사해주지요. 아이와 음식을 만들 때 엄마가 말로써 순서와 방법을 이야기해주는 것도 좋지만, 이왕이면 레시피를 작성한 후에 요리해보세요. 순서를 파악하는 능력은 물론 오감을 이용한 글쓰기가 되니 꼭 시도해보면 좋겠어요.

 **행복한 쓰기 과정** ·····························

『손 큰 할머니의 만두 만들기』

1. 손 큰 할머니는 왜 만두를 만드셨을까?

   "설날에는 보통 어떤 음식을 먹지? 생각나는 게 있니?"

   "이 책에 어떤 동물들이 나왔지? 누가 제일 열심히 할머니를 도운 것 같아? 그 이유는?"

2. 함께 먹으면 더 맛있는 따뜻한 떡국 레시피를 써보자.

   "떡국은 설날을 대표하는 음식이야. 지금 만들어볼 텐데 먼저 레시피를 써보자."

   "레시피를 쓸 때는 ① 재료, ② 요리 순서만 생각하면 된단다. 이때 우리 집만의 맛있는 비법이 있다면 그것을 써도 좋아."

『손 큰 할머니의 만두 만들기』| 채인선 글·이억배 그림 | 재미마주 | 1998

무엇이든지 엄청나게 크게 만드는 손 큰 할머니와 숲속 동물들이 설날 먹을 만
두를 빚는 이야기

예 같은 음식이라도 재료에 따라 맛이 달라지지요. 이야기를 보며 손 큰 할머니의 만두에 들
어가는 재료를 모두 써보세요.

떡국 레시피

① 재료 : 떡국떡 1공기, 소고기 200g, 대파·소금
　　　　 계란 2개, 다진 마늘 1큰술, 국간장 1큰술

② 요리순서 :

1. 떡을 20분 정도 물에 불려주고 대파를 잘라준다.
2. 예열된 냄비에 소고기를 넣고 볶아 준다.
3. 냄비에 물과 떡을 넣고 끓여준다.
4. 다진 마늘, 국 간장, 소금으로 간을 맞추고 대파를 넣는다.
5. 계란 2개를 넣고 5분 더 끓여주면 완성!

▲ 『손 큰 할머니의 만두 만들기』를 읽고 나서 만든 떡국 레시피

한눈에 보인다, 보여
● 지도 그리기 ●

※ 그림책 유형: 지도에 대한 그림책

■■■

지리에서 나오는 지도는 방위(동서남북)와 축척, 기호 등이 쓰인, 우리가 사는 곳곳을 작게 그린 그림을 말해요. 하지만 아이들의 지도 그리기는 지도라는 형식을 살짝만 빌려와서 그림을 그리고 글을 쓰는 등 생각을 써보는 형태예요. 즉, 생각을 시각화하고 요약해볼 수 있는 재미난 활동이랍니다.

행복한 쓰기 과정 ·······················

『나의 지도책』

1. 이 책에 어떤 지도가 그려져 있는지 살펴보자.

   "우리 가족 지도, 나의 하루 지도, 내 얼굴 지도, 강아지 지도 등 12개의 지도 중에서 어느 지도가 가장 우리 ○○의 생각과 비슷해?"

   "우리 ○○의 생각과 가장 다른 지도는 뭐야?"

2. 우리 ○○는 어떤 지도를 그리고 싶어?

   "지금 어떤 지도를 그리면 가장 재미있을 것 같아?"

   "왜 그런 생각을 했지? 지도 제목은 뭐라고 지을 거야?"

『나의 지도책』 | 사라 파넬리 | 소동 | 2018

특별한 이야기 없이 아이의 입장에서 자신의 주변과 마음을 지도로 표현한 그림책

예 그림책에 있는 지도와 내가 그린 지도의 비슷한 점, 다른 점을 찾아보세요.

▲ 『나의 지도책』을 읽고 나서 만든 나만의 고양이 지도

뚝딱뚝딱, 무엇이 될까
● 설계도 그리기 ●

※ 그림책 유형: 건축에 대한 그림책

글을 쓰기 전 브레인스토밍을 하거나 개요를 짜는 것처럼 집을 지을 때도 미리 설계도를 그리지요. 그림책을 보며 설계도가 무엇인지, 왜 필요한지를 알고, 살고 싶은 집이나 놀이터 등 아이가 흥미를 보이는 것의 설계도를 그려보도록 해주세요. 입체적 상상을 통한 글쓰기로 글과 그림을 이해하는 능력을 길러주지요.

 행복한 쓰기 과정

『꿈꾸는 꼬마 건축가』

1. 이 책의 주인공 프랭크와 할아버지의 생각을 알아보자.

   "프랭크가 휴지나 책으로 만든 것을 본 할아버지의 생각은 어떤 것 같아?"

   "프랭크와 할아버지가 미술관에 다녀온 후 생각이 어떻게 바뀌었지?"

2. 우리 ○○가 살고 싶은 집은 어떤 집이야? 설계도를 그려보자.

   "프랭크는 큰 종이에 도시를 설계한 그림을 그렸잖아. 우리도 그려볼까?"

   "도시를 그려도 좋지만, 우리 ○○가 살고 싶은 집이나 건축물을 그려도 좋아."

「꿈꾸는 꼬마 건축가」| 프랭크 비바 | 주니어RHK | 2013

건축가를 꿈꾸는 꼬마와 할아버지가 건축에 대한 각자의 생각을 펼쳐 보이는 이야기

예 아이가 상상하는 놀이터의 설계도를 그려보세요.

▲ 「꿈꾸는 꼬마 건축가」를 읽고 나서 만든 우리 집 설계도

내 마음을 알아차리는 사전
● 마음 사전 만들기 ●

■■■ ※ 그림책 유형: 다양한 감정 표현에 대한 그림책

매사 감정 표현이 매끄럽고 쉬운 아이가 있는가 하면, 소심하고 수줍음이 많아 감정 표현이 서툰 아이도 있지요. 현재 내가 느끼고 있는 마음을 어떤 언어로 표현할 수 있는지를 안다면 감정 표현이 조금은 수월할 거예요. 예를 들어 '야속하다', '울적하다'와 같은 낱말을 알고 표현하는 것만으로도 정서적 안정감은 물론 상황에 따른 어휘력까지 향상된답니다.

행복한 쓰기 과정 ···

『아홉 살 마음 사전』

1. 이 책은 마음에 대한 여러 가지 표현을 사전처럼 다루고 있네.

   "국어사전하고 마음 사전은 어떻게 다르지?"

   "이 책은 다른 그림책들과 어떤 점이 비슷하고, 어떤 점이 다른 것 같아?"

2. '우리 ○○의 마음 사전'을 만들어보자.

   "지금 우리 ○○의 마음 상태를 가장 잘 표현한 말부터 시작하자."

   "책에 있는 마음 표현 낱말을 쓰고, 그 옆에 우리 ○○가 느끼는 상황을 써보는 거야."

『아홉 살 마음 사전』 | 박성우 글·김효은 그림 | 창비 | 2017

아이들에게 친숙한 예를 들어 여러 가지 감정에 대해서 알 수 있도록 표현한 책

예 아이가 쓴 마음 표현을 사전처럼 계속 연결해나가고, 어울리는 사전의 제목도 짓고, 표지

　도 꾸며보세요.

▲ 『아홉 살 마음 사전』을 읽고 나서 만든 나만의 마음 사전

매력 뿜뿜 책 띠지
● 홍보 글쓰기 ●

※ 그림책 유형: 자신이 홍보하고 싶은 그림책

서점에 가보면 표지와 대비가 되는 색깔의 종이로 띠지를 두른 책이 많이 있어요. 표지만으로는 독자의 관심을 사로잡기 힘들기 때문이지요. 띠지에는 이 책의 독자층은 누구인지, 특징은 무엇인지가 강렬하게 쓰여 있어요. 이와 같은 홍보 글을 쓰려면 일단 책의 내용을 완벽히 알고 있어야 해요. 책 띠지 쓰기는 홍보 글쓰기 중 하나로 장점을 요약해서 짧게 쓰는 능력을 길러준답니다.

행복한 쓰기 과정 ··

『슈퍼 히어로의 똥 닦는 법』

1. 이 책은 누구에게 필요한 책인 것 같아?

"똥을 제대로 닦는 게 생각보다 어려워서 많은 사람에게 똥도사의 권법을 알려주면 좋을 것 같아."

2. 잘 팔리는 책이 되도록 홍보 글을 써서 책 띠지를 만들어보자.

"이 책의 장점을 써보자. 어떤 게 있지? 어린이가 좋아하는 슈퍼 히어로가 주인공이다, 똥도사라는 웃기는 할아버지가 나온다, 똥 닦는 방법을 권법이라는 표현을 써서 만화처럼 가르쳐준다… 또 뭐가 있을까?"

"책 띠지는 짧고 강렬하게 글을 써서 꾸며야 사람들이 눈길을 줄 것 같아."

『슈퍼 히어로의 똥 닦는 법』| 안영은 글·최미란 그림 | 책읽는곰 | 2018

슈퍼 히어로 짱짱맨이 똥도사에게 똥 닦는 법을 배우는 이야기

예 내가 만약 슈퍼 히어로가 된다면 꼭 하고 싶은 일을 써보세요.

▲ 『슈퍼 히어로의 똥 닦는 법』을 읽고 나서 만든 홍보용 책 띠지

신통방통 처방전
● 처방전 쓰기 ●

■■■
                                                    ※ 그림책 유형: 마음이 아픈 주인공이 등장하는 그림책
아이들은 감정이 상했을 때 바람직하지 못한 행동으로 표출하는 경우가 많아요. 이럴 때 건강하게 표출하는 방법이 바로 처방전 쓰기랍니다. 처방전을 써보면 의외로 아이도 스스로 잘못한 행동이나 고치는 방법을 잘 알고 있는 경우가 많아요. 상황을 객관적으로 보게 되기 때문이지요. 평소에 아이의 감정을 읽어주고 화가 난 마음은 충분히 공감해주세요.

 행복한 쓰기 과정 ···

『가시 소년』

1. 주인공의 마음을 헤아리며 천천히 살펴보자.

   "주인공은 왜 입에서 가시가 나오게 된 것 같아? 그리고 가시는 어떨 때 더 커지고 많아졌지?"

   "주인공이 가시를 빼러 갔을 때 어떤 마음이었을까?"

2. 주인공을 위해서 처방전을 써보자.

   "가시가 다시 생기기 전에 우리 ○○가 의사 선생님처럼 처방전을 써주자."

   "처방전은 ① 병의 이름, ② 약의 이름, ③ 약의 효과, ④ 약 먹는 시기, ⑤ 약의 부작용이나 주의사항이 들어가도록 써보자. 물론 더 추가하거나 간단하게 써도 좋아."

『가시 소년』| 권자경 글·하완 그림 | 천개의바람 | 2021

모두에게 거칠게 소리치고, 상처가 되는 말로 울리고, 틈만 나면 화를 내던 가시 소년이 자신의 말과 행동이 올바르지 못하다는 것을 깨닫고, 조금씩 성장하고 행복해지는 이야기

예 찰흙을 둥글게 빚은 후 이쑤시개를 잔뜩 꽂아 가시 소년을 만들어보세요. 그러고 나서 듣기에 좋은 말, 듣고 싶은 말을 하면서 이쑤시개를 하나씩 빼내보는 거예요.

➕

처방전

① 병의 이름 _____

② 약의 이름 _____

③ 약의 효과 _____

④ 약 먹는 시기 _____

⑤ 약의 부작용 _____

▲ 『가시 소년』을 읽고 나서 만든 처방전

키득키득, 만화로 그리자
● 4컷 만화 그리기 ●

※ 그림책 유형: 기승전결 구조의 그림책

어른과 아이 모두 가볍고 재미있게 읽을 수 있는 책이 만화지요. 요즘은 웹툰으로 진화해서 드라마나 영화로 제작되기도 하며 웹툰 작가를 꿈꾸는 아이들도 많이 늘어났어요. 원래 4컷 만화는 4개의 빈칸에 이야기의 기승전결을 담는 게 보통이에요. 간단한 에피소드를 전하기에 좋고, 이야기가 한눈에 들어온다는 장점이 있거든요. 아이와 이야기의 기승전결을 짧은 글과 함께 한 컷씩 그려보세요. 물론 아이가 좋아하는 부분만 골라서 그려도 상관없어요.

행복한 쓰기 과정

『친구의 전설』

1. 호랑이와 민들레가 친구가 되었다는 게 신기하지?

   "민들레를 만나고 나서 호랑이가 어떻게 달라졌지?"

   "호랑이와 민들레가 친구가 된 결정적인 사건은 무엇인 것 같아?"

2. 이 책의 이야기를 4컷 만화로 그려보자.

   "4컷 만화는 이야기의 주요 사건을 4개로 정리해서 각각을 짧은 글과 그림으로 표현하는 거야. 이 책에서는 어떤 중요한 사건이 있었지? 차례대로 말해볼까?"

   "이제 종이에 4개의 칸을 그리고 만화로 표현해보자."

『친구의 전설』 | 이지은 | 웅진주니어 | 2021

성격 고약한 호랑이와 꼬리에 딱 붙은 민들레가 진정한 친구가 되는 따뜻한 이야기

예 호랑이와 민들레 역할을 정해서 읽어보세요.

민들레를 만난 첫날, 호랑이의 입장이 되어 간단한 일기를 써보세요.

▲ 『친구의 전설』을 읽고 나서 만든 4컷 만화

도담도담, 친구를 초대해볼까
● 시화 전시 놀이 ●

※ 그림책 유형: 동시 그림책

아이들이 자기 생각을 짤막하게 써놓은 글은 곧 '시'가 됩니다. 또 그리고 싶은 마음이 들었을 때 그린 그림은 엄마에게 피카소의 작품보다 더 큰 감동을 주지요. 아이의 글은 또박또박 글씨든 개발새발 글씨든 아무 상관없이 그 자체만으로도 사랑스럽습니다. 이런 순간을 절대 놓치지 말고 시화가 5개만 되어도 집 안에 전시한 다음에 사람들을 초대해보세요. 칭찬을 먹고 자란 아이는 더욱더 글쓰기를 좋아하게 될 테니까요.

행복한 쓰기 과정 ·······································

1. 동시 그림책을 여러 권 읽었으니 이제 우리 ○○도 시를 한번 써볼까?

   "종이 한 장에 시를 쓰고, 시에 맞게 그림을 그린 것을 '시화'라고 해."

   "우리 ○○가 쓴 시에 어울리는 그림을 그려보자. 시만 있는 것보다 훨씬 더 근사해지지. 그리고 시화 작품이 5개가 넘으면 우리 전시회도 열어보자."

2. 우리 집이 전시회장이 된다면 누구를 초대할까? 초대장을 만들어보자.

   "너의 시화 작품을 누구에게 보여주고 싶어?"

   "초대장에는 ① 전시회 제목, ② 초대하는 날짜와 시간, ③ 장소, ④ 초대의 글이 들어가면 좋아."

『민들레는 민들레』| 김장성 글·오현경 그림 | 이야기꽃 | 2014

『여우비 도둑비』| 김이삭 글·이순귀 그림 | 가문비어린이 | 2015

『준치가시』| 백석 글·김세현 그림 | 창비 | 2006

아이와 함께 읽기 좋은 동시 그림책 3권입니다.

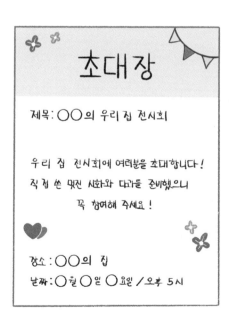

▲ 시화 전시회에 초대하기 위해 만든 초대장

새콤달콤, 맛있는 책을 만들자
● 아이스크림 책 만들기 ●

■■■　　　　　　　　　　　　　　　　　※ 책 만들기 유형: 한 번 오리고, 한 번 접는 책 형태

아이에게 '아이스크림'이라고 하면 무엇이 떠오르는지 물어보세요. '달콤하다', '시원하다', '먹고 싶다'는 물론 딸기 맛, 바닐라 맛처럼 혀를 감싸는 맛 표현, 그리고 세모 모양, 막대 모양 같은 이야기도 쏟아낼 거예요. 이때 간단한 형태의 책을 만들어 떠오르는 모든 것을 적어보도록 해주세요. 글쓰기에 훨씬 쉽고 재미있게 접근할 수 있지요. 아이스크림 책이 만들기 어려울 것 같다고요? 종이를 반으로 접은 후 한 번 오리고, 한 번만 접으면 되는걸요. 완전 쉽지 않나요?

1. 아이스크림 책의 형태를 만들어보자.

　① 종이(도화지)를 가로로 길게 놓고 반을 접어요.

　② 반을 접은 상태에서 가운데 실선을 그려 오리고 난 후, 점선을 접어요.

　③ 종이를 펴서 튀어나온 세모 모양에 아이스크림을 그려요. 형태 완성!

2. 우아, 아이스크림 책 형태가 완성되었네.

　"시원하고 달콤한 맛이 느껴지도록 아이스크림을 색칠해서 꾸미면 더 좋겠지?"

3. 아이스크림을 생각하면 무엇이 떠올라? 종이에 가득히 적어볼까?

　"어떤 맛이야? 어떤 모양이지? 어떤 느낌이야? 또 뭐가 있을까?"

　"이제 앞면에는 책의 제목도 정하고, 책을 만든 우리 ○○○ 이름도 쓰자."

4. ○○○ 작가님, 맛있는 아이스크림 책을 출간하셨습니다. 축하드려요!

　TIP 노력에 대한 칭찬은 꼭 필요하지요. 별도로 공간을 마련해서 전시도 해주세요.

•••• 친절한 제언

> * 좋은 글을 쓰기 위해서는 많은 어휘와 해당 주제에 대한 배경지식이 필요해요. 아이들에게는 글을 쓰는 연습 이전에 글감(주제)을 주고, 브레인스토밍을 통해 생각이나 아이디어를 쏟아내게 하는 과정이 중요해요. '아이스크림'처럼 아이에게 친근한 주제를 주면 더 많은 이야기를 끌어낼 수 있지요. 이때 아이스크림과 어울리지 않는 낱말을 이야기해도 비판은 절대 금지입니다.

우산 책

아이스크림 책의 형태와 ①, ②번은 같고, ③번에서 세모 모양을 반대로 해서 우산을 그리면 '우산 책'이 되지요.

예 쓰기 글감: '우'로 시작하는 끝말잇기, '우산' 하면 떠오르는 것 등

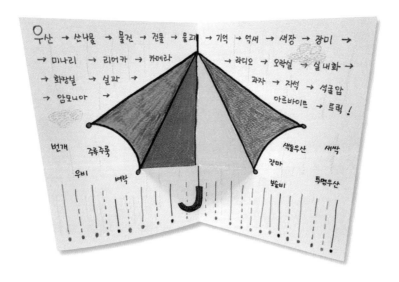

쿵쾅쿵쾅, 멋진 책을 만들자
● 공룡 책 만들기 ●

■■■　　　　　　　　　　　　　　　　　　　　※ 책 만들기 유형: 아코디언 책 형태

남자아이들은 특히 공룡에 열광하지요. 어마어마하게 큰 몸집과 괴성, 무시무시한 분위기 때문이 아닐까요? 아직은 부정확한 발음으로 길고 어려운 공룡 이름을 줄줄 외워서 말하는 아이들의 그 입이 너무 사랑스럽지요. 오늘 만들 공룡 책은 '아코디언 책 형태'예요. '병풍 책'이라고도 하는데, 이름처럼 지그재그로 접힌 모양이고, 잘 세워진다는 장점이 있어 전시하기에 좋아 다양하게 응용된답니다.

1. 공룡 책의 형태를 만들어보자.

   ① 종이(도화지)를 8면이 되도록 접었다 펴요.

   ② 종이의 반을 길게 접어요.

   ③ 아코디언처럼 지그재그로 접어주면 아코디언 책 형태 완성입니다.

   ④ 아코디언 책 형태에서 공룡 그림을 그린 후 오려주세요. 공룡의 머리와 꼬리 부분은 접
      히는 부분이니 오리지 말고 꼭 남겨야 해요. 형태 완성!

2. 멋진 공룡 책 형태가 완성되었네.

   "○○는 어떤 공룡이 멋있어? 네가 공룡을 꾸미는 거야."

3. 우리 ○○가 그린 공룡의 이름과 특징을 써보자.

   "공룡 그림에 어울리는 이름을 짓고, 빈 곳에 적어보자."

   "공룡의 특징에 대해서도 써볼까? 육식 공룡인지, 초식 공룡인지, 또 제일 강한 무
      기가 이빨인지 꼬리인지도 써보자."

4. ○○○ 작가님, 멋진 공룡 책을 출간하셨습니다. 축하드려요!

✳ 공룡 책은 간단하면서 아이들이 그리기에 따라 종류도 다양해져요. 이빨을 무섭게 그리면 티라노사우루스, 목을 길게 그리면 브라키오사우루스, 등에 뿔을 그리면 트리케라톱스가 되니까요. 공룡을 정말 좋아하는 아이들은 공룡 책의 안쪽까지 열어서 공룡 백과를 보고 내용을 빼곡하게 적도록 유도해주세요.

악어 책

공룡 책의 형태와 ①, ②, ③번은 같고, ④번에서 악어 그림을 그리면 되는데, 이때도 머리와 꼬리 부분은 접히는 부분이니 오리지 말고 꼭 남겨주세요.

예 쓰기 글감: 악어 이름 짓기, 악어의 특징 쓰기 등

딩동댕동, 신나는 책을 만들자
● 도레미 책 만들기 ●

■■■ ※ 책 만들기 유형: 오리가미 책 형태

'오리가미'란 종이접기란 뜻의 일본어예요. 책 만들기 방법 중에 '오리가미 책'은 가장 책의 형태와 가깝기에 한번 배워두면 아이들이 정말 많이 활용하지요. 다른 사람이 만든 책을 보기만 하는 것이 아니라 어설프더라도 자기 손으로 직접 책을 만들어보는 경험은 매우 특별하고 소중해요. 한 장의 종이를 접고 오려서 만든 나만의 책 안에 아이의 생각을 글과 그림으로 마음껏 표현할 수 있도록 격려해주세요.

1. 도레미 책의 형태를 만들어보자.

   ① 종이(도화지)를 8면이 되도록 접었다 펴요.

   ② 종이의 긴 쪽을 반으로 접은 후 반만 가위로 오려요.

   ③ 오려진 쪽이 위로 올라오도록 길게 반으로 접어요.

   ④ 종이의 양쪽 끝을 잡고 가운데로 밀어요.

   ⑤ 책 모양이 되도록 앞뒤로 접어요. 형태 완성!

2. 8면을 쓸 수 있는 작은 책이 완성되었네.

   "맨 앞장은 표지니까 내용은 7쪽을 쓸 수 있는 책이야."

3. '7'을 생각하면 뭐가 떠올라? 7음계인 '도, 레, 미, 파, 솔, 라, 시'가 있네.

   "♪도는 도라지의 도, 레는 레몬 주스 레, 미는 미나리의 미…♬ '도레미 송' 알
   지?"

   "우리 ○○가 만든 책 맨 앞장에는 제목을 쓰자. 다음 장부터는 '도레미 송'처럼
   차례대로 '도'부터 시작하는 낱말을 쓰는 거야. 어울리는 그림도 그려주면 더 좋
   겠지?"

4. ○○○ 작가님, 노래하는 도레미 책을 출간하셨습니다. 축하드려요!

* 오리가미 책 형태는 모양이 일반 책과 비슷하므로 아이가 좋아하는 그림책과 비교하면서 보다 완벽한 책의 형태를 갖춰보는 활동을 추가해보세요. 일단 맨 앞면 표지에 제목, 작가가 된 아이 이름, 출판사 이름을 쓰고, 맨 뒷면에는 책값, ISBN, 바코드, 홍보 문구 등을 작성해보는 거예요. 그러다 보면 훨씬 더 완성도가 높은 나만의 책이 된답니다.

무지개 책  같은 형태 응용

만드는 과정은 도레미 책의 형태와 똑같아요. 다만, 7음계를 무지개 색깔 7가지로만 바꾸면 된답니다.

예 쓰기 글감: '빨, 주, 노, 초, 파, 남, 보' 7가지 무지개 색깔을 떠올리며 각각 색깔에 대한 표현과 낱말, 생각 써보기

• 참고 문헌 •

- 권성자(2011), 『메이킹북—교실 안 책만들기 활동의 실제』, 아이북

- 그림책사랑교사모임(2020), 『그림책 생각놀이』, 교육과실천

- 김영훈(2023), 『독서의 뇌』, 스마트북스

- 김윤정(2022), 『초등 글쓰기 수업』, 믹스커피

- 김지영(2021), 『코딱지탐정의 초등국어 대탐험』, 다다북스

- 김지영 외(2021), 『세상의 모든 신나는 놀이 369』, 아이북

- 박형주, 김지연(2019), 『공부머리 만드는 그림책 놀이 일 년 열두 달』, 다우

- 윤희솔(2020), 『하루 3줄 초등 글쓰기의 기적』, 청림Life

- 윤&진(2020), 『말놀이』, 꼬마싱긋

- 이임숙(2016), 『하루 10분, 엄마놀이』, 카시오페아

- 최나야, 정수정(2021), 『초등 문해력을 키우는 엄마의 비밀 1단계』, 로그인

하루 10분 말글책 놀이 128

초판 1쇄 발행 2023년 5월 15일

지은이 김지영
그린이 헤이순
펴낸이 민혜영
펴낸곳 (주)카시오페아 출판사
주소 서울시 마포구 월드컵북로 402, 906호(상암동 KGIT센터)
전화 02-303-5580 | **팩스** 02-2179-8768
홈페이지 www.cassiopeiabook.com | **전자우편** editor@cassiopeiabook.com
출판등록 2012년 12월 27일 제2014-000277호
외주편집 최유진 | **외주디자인** 강수진
편집1 최희윤, 윤나라 | **편집2** 최형욱, 양다은, 최설란
마케팅 신혜진, 이애주, 이서우, 조효진 | **경영관리** 장은옥